臭 味

味道书院编委会　编著

中国大百科全书出版社

图书在版编目（CIP）数据

臭味 / 味道书院编委会编著 . -- 北京 ： 中国大百科全书出版社，2025. 1. --（味道书院）. -- ISBN 978-7-5202-1688-3

Ⅰ . X512-49

中国国家版本馆 CIP 数据核字第 2025JR5470 号

总 策 划：刘 杭 郭继艳
策 划 人：韩晓玲
责任编辑：孙甲霞
责任校对：邵桃炜
责任印制：王亚青
出版发行：中国大百科全书出版社有限公司
地 址：北京市西城区阜成门北大街 17 号
邮政编码：100037
电 话：010-88390811
网 址：http://www.ecph.com.cn
印 刷：唐山富达印务有限公司
开 本：710mm×1000mm 1/16
印 张：10
字 数：100 千字
版 次：2025 年 1 月第 1 版
印 次：2025 年 1 月第 1 次印刷
书 号：ISBN 978-7-5202-1688-3
定 价：48.00 元

—— 总　序

这是一套面向大众、根植于《中国大百科全书》第三版（以下简称百科三版）的百科通俗读物。

百科全书是概要记述人类一切门类知识或某一门类知识的完备的工具书。它的主要作用是供人们随时查检需要的知识和事实资料，还具有扩大读者知识视野和帮助人们系统求知的教育作用，常被誉为"没有围墙的大学"。简而言之，它是回答问题的书，是扩展知识的书。

中国大百科全书出版社从 1978 年起，陆续编纂出版了《中国大百科全书》第一版、第二版和第三版。这是我国科学文化建设的一项重要基础性、标志性、创新性工程，是在百年未有之大变局和中华民族伟大复兴全局的大背景下，提升我国文化软实力、提高中华文化国际影响力的一项重要举措，具有重大的现实意义和深远的历史意义。

百科三版的编纂工作经国务院立项，得到国家各有关部门、全国科学文化研究机构、学术团体、高等院校的大力支持，专家、学者 5 万余人参与编纂，代表了各学科最高的专业水平。专家、作者和编辑人员殚精竭虑，按照习近平总书记的要求，努力将百科三版建设成有中国特色、有国际影响力的权威知识宝库。截至 2023 年底，百科三版通过网站（www.zgbk.com）发布了 50 余万个网络版条目，并陆续出版了一批纸质版学科卷百科全书，将中国的百科全书事业推向了一个新的高度。

重文修武，耕读传家，是我们中国人悠久的文化传承。作为出版人，我们以传播科学文化知识为己任，希望通过出版更多优秀的出版物来落实总书记的要求——推动文化繁荣、建设中华民族现代文明，努力建设中国式现代化强国。

为了更好地向大众普及科学文化知识，我们从《中国大百科全书》第三版中选取一些条目，通过"人居环境""科学通识""地球知识""工艺美术""动物百科""植物百科""渔猎文明""交通百科"等主题结集成册，精心策划了这套大众版图书。其中每一个主题包含不同数量的分册，不仅保持条目的科学性、知识性、准确性、严谨性，而且具备趣味性、可读性，语言风格和内容深度上更适合非专业读者，希望读者在领略丰富多彩的各领域知识之时，也能了解到书中展示的科学的知识体系。

衷心希望广大读者喜爱这套丛书，并敬请对书中不足之处给予批评指正！

《中国大百科全书》编辑部

"味道书院"丛书序

　　味道，是人类与环境世界互动的桥梁之一。它不仅赋予我们美食的享受，也是文化传承、情感交流以及生活体验的重要组成部分。从古至今，人们对味道有着无尽的好奇心和探索欲，"味道书院"丛书便是为满足这种好奇心而诞生。

　　这套丛书将带领读者走进一个丰富多彩的味道世界，探索那些我们日常所熟知的味道背后隐藏的秘密。书中详细解析了酸、甜、苦、辣、咸、香、臭这7种味道是如何被我们的感官捕捉，又是怎样影响着我们的生活选择与健康状态。每一种味道都有其独特的魅力和意义：酸不仅仅是醋的味道，它还能在一杯发酵乳酸饮料中唤醒你的清晨；甜不只是糖的甜蜜，它还能是家人团聚时的一块蛋糕带来的温馨；苦不是药物的专利，它能在一杯精心烘焙的咖啡中找到深邃与回味；辣，不仅是辣椒带来的热辣刺激，它还是中国饮食文化中的一个小小符号；咸是大海的味道，它能在一口鲜美的海鲜中让你感受到大自然的馈赠；香不是香水的专属，它还是花朵散发的让你陶醉的芬芳气息；臭不只是臭虫爬过后留下的令人皱眉的异味，它还是特定美食中承载的文化记忆与独特风味。

　　此外，"味道书院"丛书还特别关注现代社会中新兴的味道概念及其应用领域，如甜味剂这类人工调味品的研发进展，以及由谷氨酸等氨基酸引发的海鲜味道是如何被生产出来的，等等。这些内容不仅体现了科学技术的进步，也反映了人们对于愈加丰富多样的味觉体验的追求。

为了便于读者全面地了解味道的本质及其在生活中的广泛应用，编委会依托《中国大百科全书》第三版中食品科学与工程、化学、生物学、中医药、园艺学、渔业等多学科的权威内容，精心策划并推出了"味道书院"丛书。采用图文并茂的形式，将复杂的科学知识转化为易于理解的内容，适合广大读者阅读，为读者提供了一个深入了解和全面认识味道科学的平台。

味道书院丛书编委会

目 录

第3章 臭味动物 47

第4章 恶臭物质 73

第 5 章　恶臭健康影响　137

第 6 章　脱臭装置　147

天然风味物质

　　天然风味物质是通过适当的物理技术、微生物技术和酶法催化等处理天然动植物原料和食品原料而得到的，能对人的嗅觉、味觉和三叉神经感觉产生综合感官刺激的天然风味基料。其提取分离过程复杂，成本高。提取的天然风味物质可以作为调料、香精添加于食品中。

◆ **分类**

　　主要包括植物源天然风味物质、动物源天然风味物质和发酵过程中的天然风味物质。

植物源天然风味物质

　　植物中的天然风味物质种类繁多，来源主要包括水果、蔬菜、草本三大类。①水果。水果中的香气比较单纯，香气成分以酯类、醛类、萜烯类化合物为主，其次是醇类、醚类和挥发酸。这些气味物质仅占水果鲜重的 0.001% ～ 0.01%，却能赋予水果气味的多样性。这种气味的产生一方面是由于不同种类的水果具有其独特的香气，另一方面是由于不同种类水果的个别品种具有不同的气味物质。②蔬菜。蔬菜中有多种芳香化合物，包括脂肪酸衍生物、萜烯、硫化合物以及生物碱，这些化合物的多样性在一定程度上导致了不同蔬菜具有不同的味道。例如，新鲜土豆、豌豆、青椒等许多蔬菜由于甲氧烷基吡嗪化合物而散发出一种清香——泥土香味；百合科蔬菜的气味物质一般是以硫醚化合物为主的含硫化合物所产生；十字花科植物如芥菜、萝卜和辣根有强烈的辛辣芳香气味，这种芳香气味主要是由异硫氰酸酯产生。③草本。大部分草本虽然精油含量相对较少，但是有一种淡淡的与众不同的气味特征。不同种类草本的风味物质会有一些相似的感官影响，当混合在一起的时候主要的风味会彼此加强。

动物源天然风味物质

来源于肉的天然风味物质一直受人关注，一般认为，肉的特征风味是 2- 甲基 -3- 呋喃硫醇，是一种 5- 肌苷 - 磷酸和半胱氨酸的反应产物。①畜禽肉类。新鲜的畜肉一般都带有腥膻气味，气味物质主要由硫化氢、硫醇、醛类、甲（乙）醇和氨等挥发性化合物组成，有典型的血腥味。不同处理方式的肉有不同的气味，例如，煮肉香气化合物主要是中性的，香气特征成分是异硫化物、呋喃类化合物和苯环型化合物，烤肉时则主要生成碱性化合物，特征成分是吡嗪、吡咯、吡啶等碱性化合物及异戊醛等羰基化合物，以吡嗪类化合物为主。但是不论何种加热方式，含硫化合物都是肉类香气的最重要成分，如果去掉挥发性组分中的含硫化合物，肉就会失去硫臭味；含硫化合物含量过低会使肉的风味下降。②水产品。通常非常新鲜的海水鱼、淡水鱼类的气味非常低，主要由挥发性羰基化合物、醇类产生。刚刚捕获的鱼和海产品中，其气味成分主要是 C_6、C_8、C_9 的醛、酮、醇类化合物；水产品在鲜度下降时会产生令人厌恶的腐臭气味，臭气成分主要有氨、二甲胺、三甲胺、甲硫醇、吲哚、粪臭素及脂肪酸氧化产物等。这些物质都是碱性物质，添加醋酸等酸性溶液可以使其中和，降低臭气。其中，三甲胺是海产鱼腐败臭气的主要代表。

发酵过程中的天然风味物质

发酵能提供多种受人喜爱的独特风味。市场上的发酵食品是通过传统或现代工艺生产的发酵产品，包括各种酒精饮料、乳制品、谷物和豆类发酵产品等。①酒精饮料。主要是酵母发酵而成，白酒中的香气成分有 300 多种，呈香物质以各种酯类为主体，羰基化合物、羧酸类、醇类及酚类也是重要的香气成分。②乳制品。奶酪的气味在乳制品中最为丰富，包括由甲基酮和仲醇产生的青霉干酪的独特气味，以及硫化物产生的表面成熟干酪的柔和气味；酸奶的芳香成分以全脂乳或脱脂乳的香气为基调，以乳酸菌生成的香气为特征，丁二酮和 3- 羟基丁酮是其特征气味；发酵黄油除了具有鲜奶油的芳香成分外，还有一种独特的，以乳酸为主由乳酸菌生成的酸味和芳香。③谷物和豆类发酵产品。如酱油的主体成分是酯类，这些酯类大部分是乳酸、丙二酸和乙酰丙酸乙酯。甲基硫是构成酱油特征香气的主要成分。

◆ **天然风味物质的滋味**

天然风味物质的滋味包括：①甜味。以双糖（蔗糖、麦芽糖）和单糖（葡萄糖、果糖）为主。②酸味。氢离子的味，但是在同一 pH 条件下，由于酸的阴离子不同，酸味的强度也不一样。在 pH 相同时，不同酸的强弱顺序为醋酸＞蚁酸＞乳酸＞草酸＞盐酸。在相同 pH 时，一般有机酸的强度大于无机酸。③咸味。由 NH_4^+、Na^+、K^+、Ca^{2+}、Mg^{2+} 等阳离子的盐带来的味感,食盐的咸味仅 NaCl 具有,其他的盐都呈不同的味感。④苦味。分布广泛的味感,一般给人以不愉快的感觉,但在调味和生理上都有重要意义。食品中有不少苦味物质,单纯的苦味是人们不喜欢的,但当它与甜、酸或其他味感物质调配适当时,能起到丰富或改进食品风味的特殊作用。⑤鲜味。由谷氨酸单钠盐和核苷酸刺激产生的一种复杂而醇美的口腔感觉。⑥辣味。辛香料中一些成分所引起的味感,是一种尖利的刺痛感和特殊的灼烧感的总和。⑦涩味。当口腔黏膜的蛋白质被凝固时,所引起的收敛感觉就是涩味。涩味不是基本味觉,而是刺激触觉神经末梢造成的结果。⑧清凉感。由一些化合物对鼻腔、口腔中的特殊味觉感受器官刺激而产生,典型的清凉味为薄荷风味,包括留兰香和冬青油的风味。

第 1 章

臭味食物

青腐乳

青腐乳是表面颜色呈青色或豆青色的腐乳。又称青方，俗称臭豆腐。是腐乳的一大类。

◆ 历史

北京王致和臭豆腐，相传有 300 余年的历史。最初源于清康熙八年（1669），安徽进京赴考的举子王致和因落榜，在京以经营豆腐为生，常因剩余的豆腐变质而苦恼，后试用盐水把发霉的豆腐腌起来，不料腌出来的豆腐变成豆青色，虽然闻着很臭，但吃起来却很香，于是在此基础上逐渐发展成为青腐乳。

◆ 生产工艺

青腐乳所使用的原料是大豆或脱脂大豆，辅料只用食盐和少量花椒及干荷叶。其制作方法与其他腐乳大体相同，将大豆用水浸泡、磨浆、滤浆、煮浆、点脑、压榨、切块成豆腐白坯，白坯含水量较其他腐乳低，一般为 66% ～ 69%（其他腐乳为 70% ～ 75%）。经接菌、前期培菌得到毛坯，这种毛坯的菌丝体生长时间稍短一些，一般在 36 小时左右（其他腐乳在 48 小时左右），即毛霉菌体的孢子还未生成就要进行搓毛。后经腌制成盐坯，此种盐坯含盐量要比红腐乳低一些，一般为11%～14%（红腐乳为14%～17%）。然后用低度盐水做汤料，与盐坯一起装入坛内，并加入少许花椒，用浸湿泡软的荷叶覆盖坛口后密封，经自然和保温发酵后成熟，即为青腐乳成品。

◆ **营养价值**

由于青腐乳发酵后使一部分蛋白质的硫氢基和氨基游离出来，产生硫臭和氨臭，但以硫化物的臭味为主，所以臭味很容易被感觉到。青腐乳因其分解较其他品

青腐乳

种彻底，所以氨基酸的含量较为丰富，特别是青腐乳中含有较多的丙氨酸，使味觉感受到独特的甜味和酯香味。青腐乳的蛋白质含量为14%以上；脂肪可达10%以上；碳水化合物在5%以上；每100克热量为74.5万焦耳。青腐乳在发酵过程中产生的B族维生素很高，每100克青腐乳含硫胺素（维生素B1）0.02毫克，核黄素（维生素B2）0.14毫克，而维生素B12的含量可高达1.88～9.8毫克。

纳 豆

纳豆是蒸煮后的大豆接种纳豆芽孢杆菌后发酵制成的食品。又称酱豆。

起源于中国，发展和盛行于日本，在日本已有上千年的食用史。纳豆不仅风味独特，而且营养丰富。多种营养成分如蛋白质、维生素E、

纤维素、钙、铁等的含量均高于煮熟的大豆，维生素 B2 的含量是蒸煮大豆的 6 倍，纤维素、钙、铁等多种成分的含量甚至超过鸡蛋和牛肉。纳豆中含有多种对人体有益的活性因子，如纳豆激酶、纳豆菌、异黄酮、皂苷、维生素 K、超氧化物歧化酶等。纳豆可预防粥状动脉硬化、调节胃肠道，还可防止骨质疏松。纳豆中含有超过 5 种的抗癌物质，可有效预防癌症。纳豆可解酒，有护肝保肝、抗菌及抗氧化作用。纳豆为无盐发酵，已实现纯种发酵，不仅产品质量稳定，也有利于进行科学研究。

食品腐败微生物

食品腐败微生物是指引起食品发生化学或物理性质变化，从而使食品失去原有的营养价值、组织性状及色、香、味，成为不符合食品卫生要求的微生物。植物性和动物性食品原料在收获、运输、加工和贮藏过程中会受到微生物的污染，其中某些微生物不仅使食品的营养卫生状况降低，还危害到人类的身体健康。由于食品性质、来源和加工方式的不同，引起食品腐败的微生物也不同。通常细菌、霉菌、酵母都能引起食品腐败，以细菌和霉菌引起的食品腐败最为常见。

◆ 细菌

需氧性芽孢杆菌和厌氧性梭状芽孢杆菌中嗜热性（最适生长温度 55℃）和嗜温性（最适生长温度 37℃）菌都能引起食品腐败。它们都能产生芽孢，耐热性较强，是加热保藏食品（如罐藏食品）的主要腐败菌。非芽孢杆菌由于不产生芽孢，热抵抗力弱，是新鲜食品和冷藏食品的常见腐败菌。当保藏食品因加热不足或密封不良时，非芽孢杆菌亦能引起其腐败变质。

嗜热脂肪芽孢杆菌

属嗜热性需氧芽孢杆菌，但兼有厌氧的特性。革兰氏阳性，营养细胞呈长杆状、圆端，芽孢呈椭圆或柱状、端生或次端生，孢囊膨胀或不膨胀。最适生长温度为 50～65℃，最高生长温度为 70～77℃；在 pH > 5 的食品中生长，使食品中糖类分解产酸（乳酸、甲酸、醋酸）不产气（有时在含氮物质的罐头食品中微量产气），使汤汁浑浊并有酸味和异味，常引起低酸性罐藏食品的腐败，是典型的平酸菌。嗜热脂肪芽孢杆菌通常在青豌豆、青刀豆、芦笋、蘑菇、红烧肉、猪肝酱等罐头中生长而引起腐败。由于罐头外观还是正常、罐底和盖仍是平的，但内容物已变酸，故称平酸腐败。其耐热性 Dr 值（指在 121.1℃ 下减少 90% 菌数所需要的时间）高于嗜温菌。

凝结芽孢杆菌

嗜热性需氧芽孢杆菌，兼性厌氧，革兰氏阳性。菌落形态为不透明白色，呈圆形，表面突出。芽孢体端生，呈椭圆形。营养细胞呈杆状，具有一定的运动性，可发酵葡萄糖、蔗糖、麦芽糖、甘露醇、棉子糖、海藻糖等，产酸而不产气。可水解淀粉及酪蛋白。凝结芽孢杆菌最适生长温度为 37～45℃，最低生长温度为 28℃，最高生长温度为 55～60℃；最适生长 pH 为 6.6～7.0，最低生长 pH 为 4.0，因此不仅能引起低酸性食品酸败，还能在番茄汁等酸性食品中产酸（乳酸、乙酸）不产气，使食品变味，也是典型平酸菌之一。能引起青刀豆、蘑菇、芦笋、笋片、豆芽菜、茄汁、炼乳、土豆、番茄制品和肉类罐头等的腐败变质。

嗜热解糖梭状芽孢杆菌

嗜热厌氧，不产硫化氢。芽孢的耐热性很强，高温下生长较好，生长温度范围在 $43 \sim 71℃$，最适生长温度为 $55 \sim 62℃$，最低生长 pH 为 4.0。不分解蛋白质，但能分解碳水化合物，在产酸（乳酸、低碳脂肪酸）的同时伴有大量二氧化碳和氢气产生，可引起 pH $\geqslant$ 4.5 的食品酸败。特别是在低酸性罐藏食品（如蘑菇、芦笋）内生长繁殖后，罐头膨胀变形，甚至爆裂，内容物酸度增加并带有酪酸臭味。由于嗜热解糖梭状芽孢杆菌在室温下不能生长，通常当产品在高温中存放，如热带地区或保温售货箱中，才易发生此类菌引起的腐败变质。

致黑梭状芽孢杆菌

厌氧，耐热性较低。菌落形态为圆形突起、光滑湿润、边缘整齐，中央为黑色。营养细胞呈直或弯的杆状，两端圆钝，单生或成链状。该菌的生长温度为 $30 \sim 70℃$，最适生长温度为 $55℃$，最低生长 pH 为 6.0。其对低酸性和中酸性罐藏食品造成硫化物腐败，分解食品中含硫蛋白质，生成带有刺激性气味的硫化氢气体，并与罐内壁的铁发生化学反应生成黑色硫化亚铁，使内容物变黑发臭。在市面上的玉米、青豆、豌豆等低酸性罐头中时有发现。

生孢梭状芽孢杆菌

严格厌氧，嗜温，革兰氏阳性，能在 $20 \sim 50℃$ 环境中生长，最适生长温度在 $37℃$ 左右。分解蛋白质能力很强，能使动物肌肉组织消化并变黑，能分解一些糖类。所引起的变质均发生在 pH $\geqslant$ 6 的食品中，并多数出现在肉类和鱼类制品中。在罐内生长繁殖后产酸，产生二氧化碳、氢气和硫化氢气体，因此有恶臭，但不产毒素。

酪酸梭状芽孢杆菌

嗜温性专性厌氧菌，革兰氏阳性。生长温度为 30 ～ 45℃，最低生长 pH 为 4.0。能分解淀粉和糖类，除产生酪酸、二氧化碳、氢气外，还产生少量的醇类、蚁酸和乳酸等，能使豆类、马铃薯、番茄、菠萝等酸性食品腐败变酸并产气，使罐头食品膨胀，甚至爆裂。

巨大芽孢杆菌

好氧，革兰氏阳性。其幼龄时期菌落形态呈圆形突起、表面光滑湿润、半透明、黏稠。营养体两端钝圆，多成对出现，芽孢呈椭圆形，中生或次端生，无伴孢晶体。能液化明胶、胨化牛奶、水解淀粉，使肉类罐头变质胀罐，也是油中的典型腐生菌。

荧光假单胞杆菌

需氧，不产芽孢，革兰氏阴性。营养细胞为直杆状，化能异养，能利用葡萄糖和果糖，生长温度为 4 ～ 37℃，最适生长温度为 25 ～ 30℃。是假单胞菌属的典型腐败菌种，与鱼贝类、肉类、禽蛋类、牛乳和蔬菜的腐败有关。

盐杆菌科

好氧，化能异养，革兰氏阴性。盐杆菌科杆菌和球菌对高渗透压有很强的耐受力，可在 3.5% 饱和盐溶液中生长。主要引起咸肉等腌制品和高盐食品的腐败变质。

埃希氏菌属

兼性厌氧，革兰氏阴性。能运动，有菌毛、荚膜及微荚膜。最适生长温度为 37℃，能发酵乳糖产酸产气，能引起 pH ≥ 4.5 的食品腐败，是食品中常见腐败菌。60℃ 时经 30 分钟即被杀灭。

嗜热链球菌

好氧，革兰氏阳性。细胞呈圆形或卵圆形，菌落呈米色。可发酵半乳糖、葡萄糖、果糖、乳糖和蔗糖并产酸。最适温度为 40 ～ 45℃，60℃ 时经加热 30 分钟尚能生存，在 pH ≥ 4.5 的食品中亦能引起酸败，一般见于生奶和乳制品中。

明串珠菌属

微好氧或兼性厌氧，革兰氏阳性。细胞呈球状，成对、成链。菌落小而灰白、隆起。能发酵多种糖产酸产气，常使糖液黏稠而无法加工。可在 pH < 4.5、含高浓度糖的食品中生长，会对水果、蔬菜、果汁造成腐败。

◆ 霉菌

好氧菌，在培养基上生长出绒毛状或棉絮状菌丝体。霉菌在 25 ～ 30℃、pH1.5 ～ 11.0 环境中生长良好，可在低于 10℃ 的环境下生长。霉菌生长所需水分活度（Aw）较低，只有 Aw 低于 0.64 时，霉菌才不能生长。其耐高渗透压的能力也强于细菌和酵母。常见引起食品腐败的霉菌有毛霉、根霉、青霉、曲霉、纯黄丝衣霉、链孢霉、念珠霉属、芽枝霉属等。霉菌引起食品腐败后，不仅肉眼能看到各种颜色的霉菌丝体，而且往往还伴随食品中蛋白质、脂肪、碳水化合物（如纤维素和果胶）、有机酸或醇的分解，使食品变质甚至组织软化、解体。

毛霉

白色疏松菌落，反面浅黄色，生长较快，绒毛状，边缘粗糙。会引起生鲜湿面、水果、鲜肉、焙烤食品等发霉，表面有霉菌斑，并出现有明显败坏的气味和异常颜色。

根霉

出现在含水较多的糕点、面包和水果中，易生成如毛发状的长菌丝而引起食品腐败。

青霉

孢子耐热性较强，常使焙烤食品、乳制品、肉制品、柑橘及其他水果等腐败变质。

曲霉

包括黄曲霉、赭曲霉、烟曲霉等。能引起鲜肉、酱油、大豆、果汁、面包、人造奶油、腐乳、月饼、年糕等发霉变质。

纯黄丝衣霉

抗热性远强于其他霉菌，在85℃时经30分钟或87.7℃时经10分钟仍能生存。适宜生长温度为30～37℃，能在氧气不足的环境中生长，产生二氧化碳气体，能强烈破坏果胶质，可使水果罐头中的果实软化和解体。

◆ **酵母**

兼性厌氧菌。25～30℃下多数酵母菌生长良好，生长pH范围为2.5～8.0。酵母对Aw的要求比细菌低，在0.88～0.94之间，但耐渗透压酵母能在Aw0.6时生长。引发腐败的原因多为发酵糖产生醇、醛、酮类等对食品有害的物质。可引起含高浓度糖分的水果、果酱、果汁饮料、酸乳饮料等的败坏。通常有鲁氏酵母、罗氏酵母、蜂蜜酵母、意大利酵母、异常汉逊酵母、汉氏德巴利氏酵母、膜醭毕赤氏酵母等。

球拟酵母属

细胞呈球形、卵形、椭圆形，芽殖。菌落为乳白色，表面皱褶，无光泽。对多数糖有分解作用，且具有耐高浓度糖和盐的特性，通常在炼乳、果汁中引起腐败，如使炼乳罐头产气而膨胀，严重时发生爆裂；污染果汁、果酱后，会改变内容物风味，并产生汁液浑浊和沉淀。

假丝酵母属

细胞为球形或圆筒形，有时细胞连接成假丝状，多端出芽和分裂繁殖。对糖类有强分解作用，一些菌种能氧化有机酸。假丝酵母属是引起充气或不充气软饮料产生浑浊的腐败菌之一。

酿酒酵母属

菌落为乳白色，有光泽，平坦，边缘整齐。以芽殖为主。能发酵葡萄糖、麦芽糖、半乳糖和蔗糖，不能发酵乳糖和蜜二糖。与酒类的腐败有关。

接合酵母属

淀粉酶活力较强，耐高渗透压，制酱油较好，最适培养温度为 $28 \sim 30℃$。但由于该属微生物对食盐抵抗能力较强，易在酱油表面形成白膜，是酱油变质的主要原因菌。

动物性食品腐败变质

动物性食品腐败变质是指动物性食品在以微生物为主的各种因素作用下所发生的成分和感官上的酶性和非酶性变化。

腐败变质使食品的品质降低或变为不能食用的状态。其实质是在各种腐败微生物蛋白酶和肽链内切酶等的作用下,引起蛋白质的分解过程。与此同时,脂肪、类脂质、脂蛋白甚至碳水化合物在相应酶的作用下也发生分解,结果形成许多具恶臭的和有毒的分解产物。

◆ 种类及特征

动物性食品腐败变质一般可分为肉类腐败变质、乳类腐败变质、蛋类腐败变质和鱼类腐败变质等。

肉类腐败变质

常温下放置的肉类,早期常以需氧芽孢杆菌属、微球菌属和假单胞菌属等污染为主,且局限于肉的浅表。随着腐败进程的发展,细菌向肉的深部蔓延,需氧菌类特别是球菌类的数量逐渐减少,到中后期变形杆菌、厌氧性芽孢杆菌占很大比例。由于具体条件不同,还可能伴随其他各种细菌和霉菌。冷冻肉品早期多为嗜冷菌,如假单胞菌属、黄杆菌属和嗜冷微球菌等,随后肠杆菌科各菌属、芽孢杆菌属、球菌各菌属等渐次增殖。

肉的腐败变质主要以蛋白质分解为特征。蛋白质在腐败微生物蛋白分解酶和肽链内切酶等的作用下,首先分解为多肽,进而形成氨基酸,然后在相应酶的作用下,氨基酸经过脱氨基、脱羧基、氧化还原等作用,进一步分解为各种有机胺、有机酸以及二氧化碳、氨、硫化氢等,肉即表现出腐败特征。鲜肉在腐败初始阶段,由于肌红蛋白被氧化为变性肌红蛋白,肉色发黑。如果贮存环境比较干燥,变色的表面会形成羊皮纸状。

乳类腐败变质

将乳静置于室温中，可以观察到乳的腐败变质过程可分为 4 个时期。①乳链球菌期。这个时期乳链球菌繁殖最快，分解乳糖产生乳酸，使乳的 pH 下降至 4.5，抑制了其他细菌的生长。此期间如有产气类杆菌繁殖，会出现产气现象。②乳酸杆菌期。在此期间，更耐酸的乳酸杆菌代替了乳酸链球菌，产生大量乳酸，使乳的 pH 降到 3.0 ～ 3.5，其他细菌也受到抑制，包括乳酸杆菌本身的活动也受到影响。乳中出现大量乳凝块，并有大量乳清析出。③真菌期。虽然大量乳酸的存在抑制了多数微生物的活动，但却适合嗜酸的霉菌和酵母的生长繁殖。它们利用乳酸和其他有机酸，也能分解蛋白质而生成碱性物质，所以乳的 pH 又重新上升。此时常可在乳的表面看到浓厚的霉菌。④腐败期。当乳中的霉菌和酵母大量繁殖而致乳酸逐渐消失和乳的 pH 不断升高时，此前被抑制的一些腐败细菌（主要是假单胞菌、芽孢杆菌等）又重新活跃起来，它们分解酪蛋白、脂肪，使乳成为澄清的液体，形成胨化，并有腐败的臭味产生。

蛋类腐败变质

根据引起蛋变质的微生物种类的不同，主要分为细菌性禽蛋腐败变质和霉菌性禽蛋腐败变质两种类型。还有以腐败为主、兼有霉变的混腐蛋和以霉变为主、兼有腐败的混霉蛋。①细菌性禽蛋腐败变质。细菌侵入蛋内后，往往先分解蛋清，然后波及蛋黄。蛋清变质的初期，一般小部分呈淡绿色，以后逐渐扩大到全部蛋清，变成稀薄状，并具有腐败气味；继而系带液化、断裂，蛋黄上浮，贴附于蛋壳上而逐渐干涸，终使蛋黄膜失去韧性和弹性而破裂，蛋清与蛋黄混合成一种混浊的液体，并很快变黑。照蛋时，蛋完全不透光而呈黑色，故称黑腐蛋。②霉菌性禽蛋腐败变质。蛋壳上污染的霉菌在温度较高、湿度较大的适宜条件下生长繁殖，其菌丝经气孔进入蛋壳，在硬蛋壳与壳内膜之间生长繁殖，形成霉点和霉斑，这时蛋清并未受到影响，为轻度霉变蛋。继而菌丝穿过壳内膜的屏障进入蛋清，迅速生长繁殖，使蛋清发生霉变而呈胶冻状。蛋液内霉菌丝密集，蛋壳下霉斑逐渐融合增大。最后整个蛋壳下被密集的霉菌斑覆盖，这时为重度霉变蛋。

鱼类腐败变质

活鱼组织内应是无菌的，但鱼的体表、鳃、消化道内都有一定数量的微生物。捕获后的鲜鱼受外界环境的污染，鱼体表微生物的种类更多。当鱼被捕获而离开水之后，如果所处气温适宜，则鱼体表污染的微生物大量生长繁殖，使鱼的外观发生一些腐败的变化。首先是鱼体表的黏液不再透明，变得混浊、污秽，鱼的腥气味消失，而出现不快气味。由于细菌沿鳞片侵袭到皮肤，而使鳞片与皮肤相连接的结缔组织分解，出现鱼鳞脱落现象。鱼的眼球周围富含血管的结缔组织和结膜由于被细菌分解破坏，而使鱼的眼球下陷，角膜混浊，起皱褶，有时虹膜和眼眶被血色素红染。细菌酶的作用使鳃弧中血红素变性，结果鱼鳃由鲜红色变成褐色或灰土色。当肠内细菌大量繁殖并产生气体时，腹部便膨胀起来，肛门向外突出。当胆汁外渗，污染周围组织，俗称印胆。当脊椎旁大血管被分解破坏后，血液成分外渗而使周围组织红染，称脊柱旁发红。

第2章

臭味植物

鸡矢藤

鸡矢藤是被子植物真双子叶植物龙胆目茜草科鸡矢藤属的一种。

名出《生草药性备要》。原名"皆治藤"，《本草纲目拾遗》始载。由于叶子或茎在受到破坏时会散发出强烈的硫黄臭味流出，又名"臭藤"（《天宝本草》）。

分布于中国长江流域及其以南广大地区，孟加拉国、不丹南部、哥伦比亚、印度、印度尼西亚、日本、老挝、马来西亚、缅甸、尼泊尔等地也有分布。

◆ 形态特征

藤本，长达 3～5 米，无毛或近无毛。叶对生，纸质或近革质，有臭味。叶的形状和大小变异很大，卵形、卵状长圆形至披针形，长 5～9 厘米，宽 1～4 厘米。顶端急尖或渐尖，基部楔形或近圆或截平，有时浅心形，两面无毛或近无毛，有

鸡矢藤的花序

鸡矢藤的果

时下面脉腋内有束毛。侧脉每边 4 ～ 6 条，纤细。叶柄长 1.5 ～ 7 厘米。托叶长 3 ～ 5 毫米，无毛。圆锥花序式的聚伞花序腋生和顶生，扩展，分枝对生，末次分枝上着生的花常呈蝎尾状排列。小苞片披针形，长约 2 毫米。花具短梗或无。萼管陀螺形，长 1 ～ 1.2 毫米。萼檐裂片 5，裂片三角形，长 0.8 ～ 1 毫米。花冠浅紫色，管长 7 ～ 10 毫米，外面被粉末状柔毛，里面被绒毛。顶部 5 裂，裂片长 1 ～ 2 毫米，顶端急尖而直，花药背着，花丝长短不齐。果球形，成熟时近黄色，有光泽，平滑，直径 5 ～ 7 毫米，顶冠以宿存的萼檐裂片和花盘；小坚果无翅，浅黑色。花期 5 ～ 7 月。

◆ **药用价值**

根据《全国中草药汇编》，全草及根入药，主治风湿筋骨痛、跌打损伤、外伤性疼痛、肝胆及胃肠绞痛、黄疸型肝炎、肠炎、痢疾、消化不良、小儿疳积、肺结核咯血、支气管炎、放射反应引起的白细胞减少症、农药中毒。外用治皮炎、湿疹、疮疡肿毒。在印度东部和东北部的传统料理中也被用作香料。

花贝母

花贝母是百合科贝母属多年生球根花卉。又称皇冠贝母。

原产于喜马拉雅山区及伊朗。

◆ **形态特征**

株高 1 米以上。茎具紫色斑点。叶丛生、轮状，下部叶披针形，上部叶卵形。腋生伞形花序，花大、下垂，紫色或橙红色，花基部深褐色，具白色大型蜜腺。鳞茎大、黄色，具有浓臭味。花期 4 ～ 5 月。

花贝母栽培品种众多，有各色及重瓣类型，常用于花境、自然丛植、切花等。

花贝母的茎和叶

臭　荠

臭荠是十字花科臭荠属一年或二年生匍匐草本植物。

◆ **形态特征**

全株有臭味。主茎短且不明显，从基部多分枝，被疏柔毛或近无毛。叶为一回或二回羽状分裂，裂片线形或狭长圆形，先端锐尖，基部楔形，全缘，两面无毛。总状花序与叶对生；花极小；萼片具白色膜质边缘；花瓣白色，长圆形。短角果肾形，皱缩，顶端下凹，基部心形，不开裂，成熟时沿中央分裂成 2 果瓣，果瓣闭合，近圆球形，表面有粗糙皱纹，含 1 粒种子，肾形，红棕色。花期 3 月，果期 4 ～ 5 月。

中国广布。亦见于欧洲、北美及亚洲各地。

◆ **防除方法**

防除技术方法主要有以下两种：①综合治理技术。农艺措施，如精选良种、合理密植、提高播种质量，以及机械措施，如适年（如隔年）翻耕等，均有利于降低出苗基数、以苗控草。②化学技术。提倡越年生杂草秋治，春季可依田间草情，适时实施补治。无论何时用药，必须依作物种类、品种、栽培方式，合理选择除草剂。冬前作物播后苗前（移栽前）、杂草苗前至 2 叶期前，可使用高渗异丙隆或精异丙甲草胺进行土壤喷雾处理，冬前或春后早期，可使用苯磺隆、噻吩磺隆、酰嘧磺隆、氯氟吡氧乙酸、唑草酮、双氟磺草胺、唑嘧磺草胺、二氯吡啶酸、草除灵，或混剂，如氟氯吡啶酯·双氟磺草胺、唑草酮·苯磺隆、双氟磺草胺·唑嘧磺草胺、氯氟吡氧乙酸·唑草酮、双氟磺草胺·2,4- 滴异辛酯等进行茎叶喷雾处理，均可有效防控其危害。

假臭草

假臭草是菊科假臭草属一年生草本植物。中国台湾称之为猫腥草、猫腥菊。

◆ **形态特征**

全株被长柔毛，茎直立，高 0.3 ～ 1 米，多分枝。叶对生，卵圆形至菱形，长 2.5 ～ 6.0 厘米，宽 1 ～ 4 厘米，具腺点；边缘齿状，先端急尖，基部圆楔形，具三脉；叶柄长 0.3 ～ 2 厘米。头状花序生于茎、枝端，总苞钟形，大小为（7 ～ 10）毫米 ×（4 ～ 5）毫米，总苞片 4 或 5 层，小花 25 ～ 30，蓝紫色；花冠长 3.5 ～ 4.8 毫米。瘦果长 2 ～ 3

毫米，黑色，具白色冠毛，冠毛长约 4
毫米。子叶出土，长条形。下胚轴发达，
上胚轴不发达。第一对真叶长卵形，
基部楔形，边缘具疏齿，离基三出脉，
两面疏被毛绒。

喜较湿润及阳光充足的环境，主
要生长在荒地、荒坡、滩涂、林地、果
园等地区。花期一般在 5 ～ 11 月，种
子繁殖为主，具有无性繁殖能力，近地
面的茎部产生不定根扎入土壤后可形
成新的植株，地下根茎也具繁殖能力。

◆ 分布范围

中国主要分布于福建、广东、广
西、云南、海南、四川、香港、澳门，
危害旱田作物、果园、茶园、绿化带等。
已散布于东半球热带地区，是一种入
侵性杂草。假臭草原产南美洲，20 世
纪 80 年代在香港被发现，90 年代在深

假臭草的叶

假臭草的花序

假臭草的瘦果

圳出现，逐渐侵入广东沿海地区。假臭草对土壤肥力的吸收力强，对土
壤可耕性破坏极大；入侵牧场后，能排斥牧草，同时分泌有毒的恶臭味，
影响家畜觅食；危及生物多样性、破坏生态环境，被列入《国家重点管
理外来入侵物种名录》（第一批）。

◆ **防除方法**

防除技术方法主要有 3 种：①植物检疫。加强检疫及调查监测，防范其传入或扩散。②农业生态调控。危害面积较小时，可在其种子成熟之前，人工或机械铲除，且要挖除在土中的根茎，务必晒干或烧毁。③化学防治。在非耕地及深根系果园，可用草甘膦、二氯吡啶酸、草铵膦防除；在浅根系果园，可用灭草松、草铵膦防除。在旱地作物田中，可选用相应除阔叶杂草的除草剂加以防除。

臭 椿

臭椿是苦木科臭椿属阔叶落叶乔木。又称椿树。

主产亚洲东南部，分布广泛。在中国以黄河流域为中心，西至陕西、甘肃、青海，南至长江流域各地，向北至辽宁南部，华北各省、西北地区均有栽培。

◆ **形态特征**

干形端直，合轴分枝。一回奇数羽状复叶，齿顶有腺点，有臭味。雌雄同株或异株。圆锥花序顶生，白绿色，花期 4～6 月。翅果，扁平，倒卵形或纺锤形。种子位于中央。9～10 月成熟，熟时果实淡褐色或灰黄褐色。

◆ **培育技术**

喜光、阳性树种，生长较快，适应性强；耐干旱、瘠薄，但不耐

臭椿枝叶

水湿，长期积水会烂根致死；能耐中度盐碱土，在土壤含盐量达 0.3% 情况下，幼树生长良好；对微酸性、中性和石灰性土壤都能适应，在瘠薄的山地或淤积的沙滩以及轻盐碱地均可生长，喜排水良好的砂壤土；对烟尘和二氧化硫及有毒气体抗性较强，是光肩星天牛的免疫树种。温水浸种催芽，播种育苗。植苗造林，在干旱多风地区可秋季截干造林。

◆ 用途

树皮、嫩枝叶、根含有多种驱虫、杀虫、治癌的生物活性物质。臭椿冠大荫浓、树干挺直，在园林绿化中广为应用，是干旱、半干旱地区的主要造林、绿化树种。主要病虫害有臭椿白粉病、沟眶象、臭椿沟眶象等。

接骨木

接骨木是被子植物真双子叶植物川续断目五福花科接骨木属的一种。

名出《唐本草》。分布于中国东北、华北、华东至华南和西南地区。生于海拔 500～1600 米的山坡、灌丛、林缘、沟边及路旁。

◆ 形态特征

落叶灌木，高约 3 米，老枝具黄褐色髓心，冬芽有 3～4 对鳞片。奇数羽状复叶，对生，小叶 5～7 个，长圆卵形，长 5～15 厘米，宽 1.2～7 厘米，边缘

接骨木的花

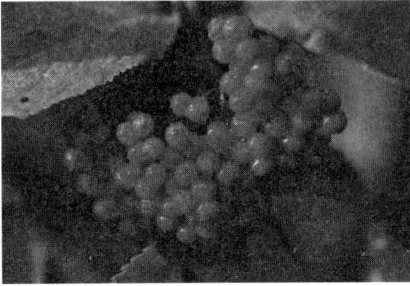
接骨木的果

锯齿稍不整齐，小叶稍有柄，叶揉搓后有臭味。圆锥聚伞花序顶生。花两性；萼筒杯状，5 裂，裂片三角状披针形；花冠黄白色，裂片反折；雄蕊 5，与花冠裂片互生；子房 3 室，花柱较短，柱头 3 裂。果为核果状浆果，卵圆形至椭圆形，熟时紫黑色或红色，直径 4～5 毫米。花期 4～5 月，果期 9～10 月。染色体数 2n ＝ 36。

◆ 药用价值

全株均可入药，有祛风利湿、活血、止痛的作用。种子可榨油，可制作肥皂、香料及化妆品等。同时具有较高的观赏价值，在园林绿化中被广泛应用。

独角莲

独角莲是天南星科犁头尖属多年生草本植物。又称滴水参、天南星、野芋、白附子、禹白附、疗毒豆、芋叶半夏等。以干燥块茎入药，药材名白附子。有毒，需慎用。

◆ 产地和分布

独角莲为中国特有种。主要分布于北纬 42°以南，包括西藏南部在内的广大地区。河南、陕西、四川、吉林、辽宁、江苏、湖北等地有栽培。

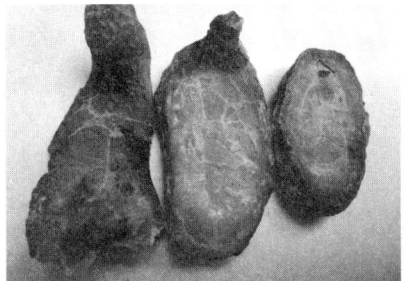
白附子

◆ **形态特征**

独角莲块茎卵球形或倒卵形，肉质，大小不等，具 7 ～ 8 条环状节，颈部周围密生须根。无地上茎。叶基生，叶柄圆柱形，肉质。叶片幼时内卷如角状。花序顶端延长成圆锥形紫色附属物。花单性，雌雄同株，紫色圆锥形雄花序在上；中间为线形淡黄色中性花，雌花序圆柱形位于下部；子房绿紫色圆柱形，胚珠 2 个，圆形。花期 6 ～ 8 月。果期 7 ～ 9 月。散粉时有似粪便恶臭味。

独角莲的花

◆ **生长习性**

独角莲对生态环境要求不严格，多生于北纬 42° 以南，海拔 1500 米以下的山地林下或沟谷旁。喜凉爽阴湿环境，砂壤土、黑壤土、砂质土均可种植。生长适宜温度 22 ～ 25℃，水分以田间最大持水量的 75% 为宜，遮光度 80% 最佳。

独角莲的叶

◆ **繁殖方法**

独角莲以块茎繁殖为主。球茎用干细泥沙分层堆积，贮藏越冬，温度保持 2 ～ 5℃。4 月初取出，强光下晒种 4 ～ 5 天，待芽萌发后栽种；每穴 1 个或沟中每隔 8 厘米 1 个块茎，芽嘴向上，盖土与畦面齐平，覆土深度 4 ～ 5 厘米，略镇压。每亩用块茎 30 ～ 35 千克。

◆ **栽培管理**

独角莲生长期间，保证充足的水分；苗期追肥。及时除草。生长中后期培土。常见病害有根腐病、灰斑病、疫病，常见害虫为地老虎。

◆ **采收加工**

9 月末地上部分枯萎后收获。将块茎堆积发酵，去粗皮，晒干。亦可不去粗皮，切成 2 ～ 3 毫米厚的薄片，晒干。其中以 3 ～ 4 年生块茎药效成分最高。

◆ **药用价值**

加工后的药材白附子具有祛风痰、定惊搐、解毒散结止痛的功效。可作为内服治疗，也可用于外用涂擦。常用于治疗中风、偏正头痛、破伤风症和毒蛇咬伤等。

阿　魏

阿魏是被子植物真双子叶植物伞形目伞形科阿魏属的一种。名出《唐本草》，《中华人民共和国药典》（2005）将新疆阿魏和阜康阿魏的树脂列为阿魏正品。

主要分布于中国新疆的伊犁、阜康。生长于海拔 700 ～ 850 米的荒漠中和带砾石的黏质土坡上或黏质土壤的冲沟边。

◆ **形态特征**

多年生草本，高 0.5 ～ 1.5 米，全株有强烈的葱蒜样臭味。根纺锤形或圆锥形，粗壮，根茎上残存有枯萎叶鞘纤维。茎通常单一，稀 2 ～ 5，粗壮，有柔毛，从近基部向上分枝成圆锥状，下部枝互生，上部枝轮生，通常带紫红色。基生叶有短柄，柄的基部扩展成鞘；叶片轮廓为三角状卵形，三出式三回羽状全裂，末回裂片广椭圆形，浅裂或上部具齿，基部下延，长10毫米；灰绿色，上表面有疏毛，下表面被密集的短柔毛，早枯萎；茎生叶逐渐简化，变小，叶鞘卵状披针形，草质，枯萎。复伞形花序生于茎枝顶端，直径8～12厘米，无总苞片；伞辐5～25，近等长，被柔毛，中央花序近无梗，侧生花序1～4，较小，在枝上对生或轮生，稀单生，长常超出中央花序，植株成熟时增粗；小伞形花序有花10～20，小总苞片宽披针形，脱落；萼齿小；花瓣黄色，椭圆形，长达2毫米，顶端渐尖，向内弯曲，沿中脉色暗，向里微凹，外面有毛；花柱基扁圆锥形，边缘增宽，波状，花柱延长，柱头头状。分生果椭圆形，背腹扁压，长10～12毫米，宽5～6毫米，有疏毛，果棱突起；每棱槽内有油管3～4，大小不一，合生面油管12～14。花期4～5月，果期5～6月。

◆ **药用价值**

根据《中华人民共和国药典》（2005年）和《新编中药志》（第三卷）记载，中国产阿魏主要为伞形科植物新疆阿魏和阜康阿魏的树脂。春末夏初盛花期至初果期间，分次由茎上部往下斜割，收集渗出的乳状树脂，阴干，置阴凉干燥处，密闭保存。本品过去多依赖进口的阿魏，1958年在新疆伊犁发现大面积新疆阿魏，经采脂试验及成分分析，证明与进口阿魏树脂主成分一致。味苦、辛，性微温。归脾、胃经。具有消积散痞、杀虫之功效，主治肉食积滞、瘀血症瘕、腹中痞块、虫积腹痛等症。

大花草

大花草是被子植物真双子叶植物金虎尾目大花草科大花草属的一种。又称大王花。由 T.S.B. 拉弗尔斯爵士和博物学家 J. 阿诺德于 1818 年领导的一次科学考察中发现，并以两人的姓氏命名。但不幸的是，后者在此次考察中死于疟疾。产自马来西亚，印度尼西亚的爪哇、苏门答腊等热带雨林中。

◆ **形态特征**

肉质寄生草本，寄生于植物的根、茎或枝条上，主轴极短，重达 9 千克。花单生，巨型，直径 50～90 厘米，花被片 5，厚约 5 厘米，宽约 30 厘米，坚韧而多浆汁，鲜红色，有疣突，中央有一个圆口大蜜槽，散发腐败气味，吸引嗜腐肉的昆虫传粉。雌雄异株。雌花子房下位，有不规则的腔隙，为扁平而带柱头的花盘所顶盖，胚珠多数，着生于侧膜胎座上，倒生，珠被单层；雄花垂直柱顶端膨大，边缘下方生出花药，花药多室，顶孔开裂。浆果球状，直径约 15 厘米，具木质化、棕色的外果皮，其内充满乳白色、富脂质的果肉，以及上千枚红棕色带有黏性的微型种子。

大花草的花

大花草的花被认为是世界上最大的花。有关大花草繁殖的生物学研究还较为肤浅，其种子具体是怎样传播的，科学界还存在着争议。是研究寄生植物繁殖和演化的好材料。随着热带雨林的不断破坏和消失，对这种特殊的寄生植物的保护显得非常急迫。

榴　莲

　　榴莲是被子植物真双子叶植物锦葵目锦葵科榴莲属的一种。名出《经济植物手册》。

◆ 产地和分布

　　原产于文莱、印度尼西亚和马来西亚。遍布东南亚，主要在泰国、马来西亚、印度尼西亚等地，柬埔寨、老挝、越南、缅甸、印度、斯里兰卡、巴布亚新几内亚、夏威夷、波利尼西亚群岛、西印度群岛、马达加斯加、澳大利亚北部、新加坡及美国大陆佛罗里达等有栽培。中国海南、广东也有栽培。

◆ 形态特征

　　常绿乔木，高可达25米，幼枝顶部有鳞片。托叶大，长1.5～2厘米。单叶，互生，叶片长圆形，有时倒卵状长圆形，先端短渐尖或急渐尖，基部圆形或钝，长10～15厘米，宽3～5厘米，两面发亮，上面光滑，背面有贴生鳞片，侧脉10～12对，叶柄长1.5～2.8厘米。花两性，排成聚伞花序，细长，下垂，簇生于茎或大枝上，每个花序有花3～30朵。花蕾球形。花梗被鳞片，长2～4厘米。苞片托

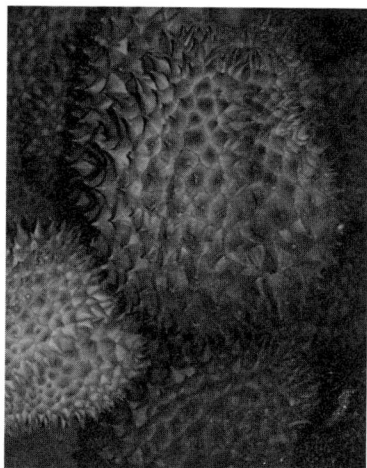

榴莲的果实

住花萼，比花萼短，萼筒状，高 2.5～3 厘米，基部肿胀，内面密被柔毛，具 5～6 个短宽的萼齿。花瓣黄白色，长 3.5～5 厘米，为萼长的 2 倍，长圆状匙形，后期外翻。雄蕊 5 束，每束有花丝 4～18，花丝基部合生 1/4～1/2。蒴果椭圆状，淡黄色或黄绿色，长 15～30 厘米，粗 13～15 厘米，每室种子 2～6，假种皮白色或黄白色，有强烈气味。花果期 6～12 月。

榴莲为著名热带水果，气味独特，口感细腻，营养丰富，被称为"果中之王"。但许多人并不喜欢其刺鼻的气味，常被禁止带入公共场所。

银 杏

银杏是银杏科银杏属落叶乔木。别称白果、公孙树。

中生代以前在全球广泛分布，有 3000 多年历史，现存 1 纲 1 目 1 科 1 属 1 种，野生稀有。世界上许多国家已引种种植。

银杏树

◆ **形态特征**

树高可达 40 米；胸径达 4 米。树皮浅灰色或灰褐色，在老树上纵向裂缝；树冠冠状圆锥形至宽卵形；长枝浅棕黄色，最后为灰色，节间（1～）1.5～4 厘米；短枝灰黑色，密实，有不规则椭圆形叶瘢痕；冬芽黄棕色，卵形。叶柄柄长 3～10 厘米，多为 5～8 厘米；叶片浅绿色，秋天变亮，黄色；

在长枝上，叶片常以深的顶端缺裂，常分成2个裂片，分别进一步分离；在短枝上，叶片具有波状边缘。雌雄异株。花粉圆锥形象牙色，长1.2～2.2厘米；花粉囊舟形，缝隙狭窄。种子椭圆形、窄倒卵球形、卵

银杏种子

球形或近球形，纵径2.5～3.5厘米，横径1.6～2.2厘米；外种皮草黄色、橙黄色或青绿色，常被白粉，成熟时具有酸臭味；中种皮硬骨质、白色，有2或3条纵脊；内种皮浅红棕色、膜状。胚乳肉质。开花授粉期3～4月，种核成熟期9～10月，每千克300～400粒。

◆ **生活习性**

适宜酸性、排水良好、pH 5～5.5的黄壤土种植。在中国浙皖交界天目山、渝贵边界大娄山有野生状态古大树。安徽、福建、甘肃、贵州、河南、河北、湖北、江苏、江西、陕西、山东、山西、四川、云南、台湾等地分布广泛，种植海拔达2000多米。对气候、土壤的适应性较宽，能在高温多雨及雨量稀少、冬季寒冷的地区生长，但生长缓慢或不良，中国除黑龙江、内蒙古、青海、西藏、海南以外，其余各省、市、自治区均有栽培。

◆ **培育技术**

繁殖方式以播种、扦插、嫁接育苗为主。①播种。选择良种催芽，有室内恒温催芽、室外催芽、加温催芽等，春播为主，点播或机械播种，播后覆土2～3厘米。②扦插。穗条选择30年以下优株的1～3年生枝条，秋末冬初或早春采条，剪成15～20厘米长插穗，每穗3个以上饱满芽，

插穗捆扎，用适当浓度的生长调节剂浸泡，3～4月进行。插穗露出地面1～2芽，盖土压实，注意保持空气湿度，提倡高温高湿育苗，适时遮阴、追肥、防治病虫害。③嫁接。选择树龄30～50年生优良采穗树的树冠外围、中上部、向阳面的1～3年生枝条作为接穗。随采随接或以发芽前10～20天采集，剪成15～20厘米长、带3～4个芽的枝段，下部插入干净水桶吸水充足，下端1/3埋放室内通风的湿沙中贮藏。萌芽后至秋季落叶前均可进行嫁接，以春季为主。方法有劈接、切接、插皮接、插皮舌接等，成活后进行抹芽除萌、松绑、剪砧、缚梢等管理。

◆ **生态造林**

实生苗造林需20年左右时间开花结实，嫁接苗造林则5年始实，7～10年丰产。造林地要地势空旷、阳光充沛，土层深厚，质地疏松，排水良好，地下水位低的平原和土层深厚肥沃，雨量充沛的丘陵和山地。栽植苗木应选生长健壮、树形端正、根系健全发达、无病虫害的苗木。可以采用矮干密植（行距2～4米，株距4米）和乔干稀植（行距4～8米，株距6～8米）方式造林。幼林期注意松土除草、施肥灌溉、间作、整形修剪和花实控制。叶用林选择交通方便，地势平坦，阳光和水源充足，排水良好，土壤深厚肥沃的地方，灌排水系统到位。选择叶产量高、药用成分含量高的品种作为造林材料，利于机械化作业。叶用林需要施用养体肥、萌动肥、壮枝肥、茂叶肥等四时肥。注意根据墒情进行灌排，忌积水，实施矮林作业，提高叶产。材用林优选雄株，采用生长健壮、树型良好、有完整的根系、无病虫害的大苗大穴造林，栽后要适时施肥、灌排、间作和树体整理、间伐。

◆ **用途**

银杏树可以分核用、叶用、材用、花用、观赏用等几大类型。选育的品种、优良株系需要系统整理、测定。木材可用于家具制造，叶子可药用和做农药、肥料，根药用，树皮产单宁，外种皮用于农药，种仁不宜多食。

臭梧桐

臭梧桐是马鞭草科植物海州常山的干燥嫩枝及叶。祛风湿热药。又称海州常山、海桐等。始载于《本草纲目拾遗》。

◆ **产地和分布**

臭梧桐主产于中国浙江、江苏、江西等地。生于路边、山谷、山地、溪边。8～10月开花后采，或在6～7月开花前采，割取花枝及叶，捆扎成束，晒干，切丝。商品药材主要来自栽培。

◆ **形态特征**

臭梧桐的干燥小枝类圆形，或略带方形，棕褐色，具黄色点状皮孔，密被短柔毛。叶对生，广卵形以至椭圆形，上面灰绿色，背面黄绿色，具短柔毛，叶片多皱缩、卷曲，或破碎。叶柄密被短柔毛。花多已枯萎，黄棕色，有长梗，雄蕊突出花冠外。已结实者，花

海州常山叶

萼宿存，枯黄色，内有果实1枚，灰褐色，三棱状卵形，有皱缩纹理，枝叶质脆易折断，小枝断面黄白色，中央具白色的髓，髓中有淡黄色分隔。有特异臭气，味苦而涩。

◆ **药用价值**

臭梧桐味辛、苦、甘，性凉，归肝经。具有祛风除湿、平肝止痛功能，用于风湿痹痛、半身不遂、眩晕头痛、风疹湿疮等。

◆ **成分和药理**

臭梧桐主要含黄酮（刺槐素-α-二葡萄糖醛酸苷）、臭梧桐糖苷、海州常山素A、海州常山素B等，具有镇静、镇痛、降压、抗炎、抗氧化等作用。

◆ **用法和禁忌**

臭梧桐可祛风湿，通经络。与豨莶草配伍可治疗风湿痹痛、四肢麻木、半身不遂。与忍冬藤配伍，行甘凉泄热之效，可治风湿麻痹之证。单用煎洗或外敷可用于治疗风疹等皮肤瘙痒、湿疮。

煎服用量9～15克，研末服，每次3克；外用，煎水洗，研末调敷或捣敷。有小毒，使用须注意剂量。

干　漆

干漆是漆树科植物漆树的树脂经加工后的干燥品。破血消症药。始载于《神农本草经》。

◆ **产地和分布**

漆树在中国除黑龙江、吉林、内蒙古和新疆外，其余省区均产。生长于海拔 800 ～ 2800 米的向阳山坡林内，也有栽培。

收集盛漆器皿底留下的漆渣，干燥。商品药材来源于野生或栽培漆树。

漆树的叶

◆ **性状**

干漆呈不规则块状，黑褐色或棕褐色，表面粗糙，有蜂窝状细小孔洞或呈颗粒状。质坚硬，不易折断，断面不平坦。具特殊臭气。

◆ **药性和功用**

干漆味辛，性温，有毒，归肝、脾经。具有破瘀通经、消积杀虫功能，用于瘀血经闭、症瘕积聚、虫积腹痛。

◆ **成分和药理**

干漆主要含黄酮（如黄颜木素、非瑟酮、硫菊黄素、紫铆因）、酚类、多糖等，具有抗血栓、解痉挛、抗凝血等作用。

◆ **用法和禁忌**

干漆在临床可用于治疗臌胀、肝硬化、肠易激综合征、血栓闭塞性脉管炎、瘀血型颅脑损伤、慢性盆腔炎、子宫内膜异位症、血吸虫病、猪囊尾蚴病、丝虫病和肿瘤等。

煎服用量 2 ～ 5 克。孕妇及对漆过敏者禁用。

芦 荟

芦荟为百合科植物库拉索芦荟、好望角芦荟或其他同属近缘植物叶的汁液浓缩干燥物，前者习称"老芦荟"，后者习称"新芦荟"。攻下

库拉索芦荟

好望角芦荟

药。又名卢会。始载于《开宝本草》。

◆ 产地和分布

芦荟主产于南美洲北岸附近的库拉索，中国福建、台湾、广东、广西、四川、云南等地有栽培。

全年均可采收，割取叶片，将叶汁浓缩干燥，砸成小块。商品药材主要来自栽培。

◆ 性状

库拉索芦荟呈不规则块状，常破裂为多角形，大小不一。表面呈暗红褐色或深褐色，无光泽。体轻，质硬，不易破碎，断面粗糙或显麻纹。富吸湿性。有特殊臭气，味极苦。

好望角芦荟表面呈暗褐色，略显绿色，有光泽。体轻，质松，易碎，断面玻璃样而有层纹。

◆ 药性和功用

芦荟味苦，性寒，归肝、胃、大肠经。具有泻下通便、清肝泻火、杀虫疗疳功能，用于热结便秘、惊痫抽搐、小儿疳积，外用治癣疮。

◆ 成分和药理

芦荟主要含蒽醌（芦荟苷、芦荟大黄素苷、异芦荟大黄素苷）、多糖等，具有泻下、抑菌、抗炎、抗氧化、保肝、促进伤口愈合、护肤、美白等作用。

◆ **用法和禁忌**

芦荟为峻下之品，可用于胃肠积热、热结便秘之症。若配伍朱砂，可清火通便、除烦安神。配伍胡黄连，可共奏消疳行积之功，用于小儿疳积潮热、腹胀便秘等。配伍人参，能消疳除热而不伤正，益气补中而不恋邪，可用于小儿疳积发热、形体消瘦。

煎服用量 2～5 克，宜入丸散；外用适量，研末敷患处。脾胃虚弱、食少便溏者忌用。孕妇慎用。

吴茱萸

吴茱萸为被子植物真双子叶植物无患子目芸香科吴茱萸属的一种。名出《神农本草经》。

◆ **分布范围**

分布于中国秦岭（长江流域）以南各地，但海南未见有自然分布，曾引进栽培，但生长不良。生于平地至海拔 1500 米山地疏林、林缘旷地或灌木丛中，多见于向阳坡地。日本也有分布。

吴茱萸的花

吴茱萸的蓇葖果

◆ **形态特征**

落叶灌木或小乔木，小枝紫褐色，具裸芽。叶对生，奇数羽状复叶，小叶 5 ～ 9，卵状长椭圆形，全缘，有肉眼可见的透明腺点。聚伞圆锥花序顶生，花单性异株；雄花萼片 5，花瓣 5，白色，雄蕊 5；雌花萼片 5，花瓣 5，白色，具鳞片状退化雄蕊，心皮 4，子房 4 深裂，4 室，每室 2 胚珠。蓇葖果紫红色，有粗大腺点，无皱纹，有 1 枚种子；种子卵球形，黑色，有光泽。花期 4 ～ 6 月，果期 8 ～ 11 月。

全株含挥发油，主要是吴萸烯，是植株各部有特殊腥臭气味的主要成分，其次是吴萸内酯、罗勒烯等，已知有 12 种生物碱。它是古老的传统中药植物，嫩果经盐水漂洗或以醋炒炮制，或用蜜炙甘草炮制，晾干后即得传统中药吴茱萸，简称吴萸，杜吴萸主产浙江省缙云、丽水、永泰、昌化等一带，常德吴萸主产湖南西部与贵州东北部各地，因产品历来运集于常德而得名，川吴萸产四川和贵州部分地区，广西吴萸产广西与其邻接的贵州部分地区，具有散寒止痛、解毒、驱虫功效，是苦味健胃剂和镇痛剂，又作驱蛔虫药。种子可榨油，叶可提取芳香油或制黄色染料。

芥 子

芥子是十字花科植物白芥或芥的干燥成熟种子，前者习称白芥子，后者习称黄芥子。温化寒痰药。始载于《名医别录》。

◆ 产地和分布

白芥在中国辽宁、山西、山东、安徽、新疆、四川等省区引种栽培。芥在中国各地栽培。夏末秋初果实成熟时采割植株，晒干，打下种子，除去杂质。商品药材主要来自栽培。

◆ **性状**

白芥子呈球形，直径 1.5 ～ 2.5 毫米。表面灰白色至淡黄色，具细微的网纹，有明显的点状种脐。种皮薄而脆，破开后内有白色折叠的子叶，有油性。气微，味辛辣。

中药芥子

黄芥子较小，直径 1 ～ 2 毫米。表面黄色至棕黄色，少数呈暗红棕色。研碎后加水浸湿，则产生辛烈的特异臭气。

◆ **药性和功用**

芥子味辛，性温，归肺经。具有温肺豁痰利气、散结通络止痛的功能，用于寒痰咳嗽、胸胁胀痛、痰滞经络、关节麻木疼痛、痰湿流注、阴疽肿毒。

◆ **成分和药理**

芥子主要含有生物碱（如芥子碱）、异硫氰酸酯（如芥子苷、白芥子苷）、有机酸（如芥子酸）等，具有祛痰、催吐、抑菌等作用。

◆ **用法和禁忌**

芥子辛散利气、温通祛痰、性散走窜，可治寒痰壅肺咳喘。治疗寒痰壅肺之咳喘胸闷气喘，常与化痰降气止咳平喘药物如苏子、莱菔子同用。治疗寒悬壅滞饮咳喘胸满胁痛者，可配伍甘遂、大戟等以豁痰逐饮。治疗冷哮日久的痰喘咳、悬饮，可配伍细辛、甘遂、麝香等研末。治疗痰湿流注所致的阴疽肿毒，常配伍鹿角胶、肉桂、熟地等药，以温阳化滞、消痰散结；治疗痰湿阻滞经络之肢体麻木或关节肿痛，可配马钱子、没药等，亦可单用研末，醋调敷患处。

煎服用量 3 ～ 6 克；外用适量，研末调敷或作发泡用。

麝 香

麝香是麝科动物林麝、马麝或原麝雄体香囊中的固态结晶分泌物。

麝一般栖于多岩石处或针叶林和针阔混交林，以松树、冷杉和雪松的嫩枝叶、地衣、苔藓、杂草及野果等为食。在荫蔽、干燥而温暖处休息，在其栖息地有集中排粪地点。麝在早晨及黄昏活动，白天休息。平时雌雄独居，而雌兽常与幼兽在一起。善于跳跃，视觉、听觉灵敏，性懦怯。林麝具攀登斜树的习惯。麝受到惊扰后即使被迫离开栖息地，也会在惊扰消失后回到原来的栖息地。雄麝 2 岁开始分泌麝香，3 岁以后产香量增加，10 岁左右达到泌香高峰期。每年 8 ～ 9 月为泌香盛期，10 月至翌年 2 月泌香较少。泌香盛期每只麝的麝香囊可分泌 10 ～ 20 克麝香。

取香分猎麝取香和活麝取香两种：①猎麝取香。捕到野生成年雄麝后，将腺囊连皮割下，将腺囊被毛剪短，阴干，习称"毛壳麝香""毛香"；剖开香囊，除去囊壳后获得的麝香习称"麝香仁"。②活麝取香。在人工饲养条件下将活麝物理保定，用酒精消毒腺囊开口，用挖勺伸入囊内徐徐转动挖出麝香仁。麝香仁除去杂质后干燥、密闭保存。

◆ **性状**

麝香呈棕褐色或黄棕色，团块中偶有方形柱八面体或不规则晶体，无锐角，并可见圆形油滴，有时也可见毛及皮层内膜组织。麝香有一种特异的香气，浓烈且经久不散；久闻则有骚臭气，味稍苦而微辣。以仁黑、粉末棕黄、香气浓烈、富油性者为佳。

◆ **药性和功用**

麝香性温、味辛，归心、脾经，开窍醒神，活血通经，消肿止痛。用于热病神昏、中风痰厥、气郁暴厥、中恶昏迷、经闭、症瘕、难产死胎、胸痹心痛、心腹暴痛、跌扑伤痛、痹痛麻木、痈肿瘰疬、咽喉肿痛。内服用量 0.03 ～ 0.1 克，多入丸散用。有 400 种中药以麝香为原料。天然麝香由于产量有限，仅限于安宫牛黄丸、苏合香丸、西黄丸、麝香保心丸、片仔癀、云南白药、六神丸等经典中成药使用。

平卧菊三七

平卧菊三七是双子叶植物纲桔梗目菊科菊三七属植物。

◆ **形态特征**

攀缘草本，有臭气，茎匍匐，淡褐色或紫色，有条棱，无毛或幼时有柔毛，有分枝。叶具柄，叶片卵形，卵状长圆形或椭圆形，（3 ～ 8）厘米×（1.5 ～ 3.5）厘米，顶端尖或渐尖，基部圆钝或楔状狭成叶柄，全缘或有波状齿，侧脉 5 ～ 7 对，弧状弯，细脉不明显，上面绿色，下面紫色，两面无毛，稀被疏柔毛；叶柄长 5 ～ 15 毫米，无毛，上部茎叶和花序枝上的叶退化，披针形或线状披针形,无柄或近无柄。顶生或腋生伞房花序，每个伞房花序具 3 ～ 5 个头状花序；花序

平卧菊三七

梗细长，常有 1 ～线形苞片，被疏短疏毛或无毛。总苞狭钟状或漏斗状，（15 ～ 17）毫米 ×（5 ～ 10）毫米，基部有 5 ～ 6 线形小苞片；总苞片 1 层，长圆状披针形，（15 ～ 17）毫米 ×1.5 毫米，顶端渐尖，边缘狭干膜质，具 1 ～ 3 条中脉，干时变紫色，无毛。小花 20 ～ 30，橙黄色；花冠长 12 ～ 15 毫米，管部细，长 8 ～ 10 毫米，上部扩大，裂片卵状披针形，顶端尖；花药基部钝，顶端有尖三角形附片；花柱分枝锥状，被乳头状微毛。瘦果圆柱形，长 4 ～ 6 毫米，栗褐色，具 10 肋，无毛；冠毛丰富，白色，细绢毛状。

◆ **分布范围**

中国境内主要分布于广东（信宜、乐昌）、海南（琼中、澄迈、儋州、陵水、白沙、东方、乐东、保亭、三亚、万宁等）、贵州（罗甸、大方）、云南（河口）等地。生于林间溪旁坡地沙质土上，攀缘于灌木或乔木上。越南、泰国、印度尼西亚和非洲等地也有分布。

◆ **价值**

兼有营养价值和药用价值。①营养价值。平卧菊三七无毒，嫩茎叶营养丰富，富含蛋白质和氨基酸，膳食纤维含量为 2.40 克 /100 克，维生素 C 含量为 11.2 毫克 /100 克，富含有机钙，是中老年人补钙的绿色食品，还含有丰富的有机酸成分及黄酮类化合物。食味柔滑，清香可口。可清炒、凉拌、氽汤，也可用作饺子、包子等的馅料。其叶也可生吃，或取鲜叶或干叶开水冲泡当茶饮。②药用价值。具有清热解毒、止血止咳、减少血管紫癜、泻火、凉血、消炎、生津等功效，外用对带状疱疹、各种皮炎、烫伤、烧伤及无名肿痛均有良好的疗效，还具有补钙、止血、止痛、止痒、护肤保湿、提高人体免疫力和抗病毒能力等功效。据《中国中草药汇编》记载，其疗效为味甘淡，性平，通经活络，消炎止咳，散瘀消肿，活血生肌。主要用于治疗跌打损伤、风湿关节痛和痛风。

五灵脂

五灵脂为鼯鼠科动物复齿鼯鼠的干燥粪便。活血止痛药。又称药本、寒号虫粪、寒雀粪。始载于《开宝本草》。

五灵脂产于中国河北、山西、甘肃等地。全年均可采集。

◆ 性状

根据外形不同，五灵脂分为灵脂米和灵脂块。灵脂米为长椭圆形颗粒，长0.5～1.5厘米，直径3～5毫米，表面颜色为黄棕色至黑棕色不等，表面微粗糙，可见淡黄色的纤维，有的略平滑具光泽；质轻，易折断，断面黄绿色或棕褐色，纤维性；气微。

灵脂块为不规则的块状，大小不一，表面黑棕色，凹凸不平，断面黄棕色或棕褐色，间或有黄棕色树脂状物质，质硬，气腥臭。

◆ 药性和功用

五灵脂苦、咸、甘，温，归肝经。具有活血止痛、化瘀止血功能，用于治疗胸痛、脘腹疼痛、痛经、经闭、产后血瘀疼痛、跌扑损伤、虫蛇咬伤等。

◆ 成分和药理

五灵脂含有黄酮类（如穗花杉双黄酮、扁柏双黄酮等）、三萜类、苷类、有机酸类、维生素 A 等，具有抗炎、抗氧化、抗病毒、抗肿瘤、抑制血小板聚集、降低全血黏度、减少血管阻力、降低心肌细胞耗氧量、缓解平滑肌痉挛、增强机体免疫功能等作用。

◆ 用法和禁忌

五灵脂入肝经血分,能通利血脉,用于治疗血瘀诸痛。既能止血,又能散瘀,无留瘀之弊。可单味炒后研末,温酒送服。或与三七、蒲黄等配伍,治疗瘀血内阻、血不归经之诸出血症,尤多用于妇女崩漏、月经过多、色紫多块、少腹刺痛者。

煎服用量 3 ～ 10 克,宜包煎。不宜与人参配伍。血虚无瘀者及孕妇慎用。

鹿　茸

鹿茸为鹿科动物梅花鹿或马鹿的雄鹿未骨化密生茸毛的幼角,前者习称"花鹿茸",后者习称"马鹿茸"。名贵补阳中药。始载于《神农本草经》。

◆ 产地和分布

梅花鹿分布很广,在中国东北、华北、华东、中南、西南及台湾等地均有分布,以东北最多,主产于吉林和辽宁。主要栖息于海拔 450 ～ 1200 米的针阔叶混交林中。

马鹿主要分布于中国西北、东北及内蒙古等地,包括新疆、吉林、黑龙江、内蒙古、青海及甘肃甘南地区。主要栖息于大面积的混交林或高山森林草原之中。家养马鹿主产于新疆、黑龙江、内蒙古、青海。

梅花鹿和马鹿分别被《国家重点保护野生动物名录》列为Ⅰ级和Ⅱ

级保护动物。夏、秋二季锯取鹿茸，
经加工后，阴干或烘干。商品药材均
来自养殖。

马鹿

◆ **性状**

　　花鹿茸呈圆柱状分枝，具一个分
枝者习称"二杠"，主枝习称"大挺"，
长 17 ～ 20 厘米，锯口直径 4 ～ 5 厘米，离锯口约 1 厘米处分出侧枝，
习称"门庄"，长 9 ～ 15 厘米，直径较大挺略细。外皮红棕色或棕色，
多光润，表面密生红黄色或棕黄色细茸毛，上端较密，下端较疏；分岔
间具 1 条灰黑色筋脉，皮茸紧贴。锯口黄白色，外围无骨质，中部密布
细孔。具两个分枝者，习称"三岔"，大挺长 23 ～ 33 厘米，直径较二
杠细，略呈弓形，微扁，枝端略尖，下部多有纵棱筋及突起疙瘩；皮红
黄色，茸毛较稀而粗。体轻。气微腥，味微咸。二茬茸与头茬茸相似，
但挺长而不圆或下粗上细，下部有纵棱筋。皮灰黄色，茸毛较粗糙，锯
口外围多已骨化。体较重。无腥气。

　　马鹿茸较花鹿茸粗大，分枝较多，侧枝一个者习称"单门"，两
个者习称"莲花"，三个者习称"三岔"，四个者习称"四岔"或更
多。按产地分为"东马鹿茸"和"西马鹿茸"。东马鹿茸"单门"大挺
长 25 ～ 27 厘米，直径约 3 厘米，外皮灰黑色，茸毛灰褐色或灰黄色，
锯口面外皮较厚，灰黑色，中部密布细孔，质嫩；"莲花"大挺长可达
33 厘米，下部有棱筋，锯口面蜂窝状小孔稍大；"三岔"皮色深，质
较老；"四岔"茸毛粗而稀，大挺下部具棱筋及疙瘩，分枝顶端多无毛，

习称"捻头"。西马鹿茸，大挺多不圆，顶端圆扁不一，长 30 ～ 100 厘米。表面有棱，多抽缩干瘪，分枝较长且弯曲，茸毛粗长，灰色或黑灰色。锯口色较深，常见骨质。气腥臭，味咸。

◆ **药性和功用**

鹿茸味甘、咸，性温，归肾、肝经。具有壮肾阳、益精血、强筋骨、调冲任、托疮毒之功，用于肾阳不足、精血亏虚、阳痿滑精、宫冷不孕、羸瘦、神疲、畏寒、眩晕、耳鸣、耳聋、腰脊冷痛、筋骨痿软、崩漏带下、阴疽不敛等。

◆ **成分和药理**

鹿茸主要含有氨基酸、脂肪酸、含氮类、激素（如雌二醇、睾酮、前列腺素、黄体素、垂体泌乳素）等，具有促进生殖系统的生长和发育、提高性功能、增强机体免疫力、抗氧化、抗衰老、抗肿瘤、加速皮肤创口愈合等作用。

◆ **用法和禁忌**

鹿茸因其具补肾阳、益精血，又能兼调冲任、止带下、托疮毒等功能，而分别用治妇女冲任虚寒之崩漏、带下，阴疽疮肿内陷不起或疮疡久溃不敛等。另外，梅花鹿和各种雄鹿已骨化的角亦可作药用，为鹿角；鹿角煎熬浓缩成的胶块则为鹿角胶，鹿角熬膏所剩残渣则为鹿角霜。

研末冲服，每日 1 ～ 3 克，分 3 次服；或入丸、散，随方配制。服用时宜从小量开始，不可骤用大量，以免因阳升风动而致头晕目赤或助火动血而致鼻衄。凡阴虚阳亢、血分有热、胃火盛或肺有痰热及外感热病者忌用。

第 3 章

臭味动物

大臭鼩

大臭鼩是劳亚食虫目鼩鼱科臭鼩属的一种。

◆ 地理分布

东洋区常见的小型食虫类动物，在热带和亚热带地区尤为常见。中国分布于云南、贵州、浙江、江西、广西、福建、台湾等地。国际上分布于南亚、东亚、东南亚大陆及邻近岛屿。

◆ 形态特征

体形较大的劳亚食虫类。体重 14 ～ 75 克，体长 82.6 ～ 138 毫米，尾长 58 ～ 88 毫米，后足长 16 ～ 22 毫米，耳长 11 ～ 15 毫米。身体瘦长，四肢细弱，吻尖，耳圆大，近乎裸露，眼睛小，视觉差，听觉、嗅觉发达。尾巴基部粗、末端细，除覆有短毛外，还夹有稀疏的细长毛。全身稠密地覆有柔软的短细毛，足覆毛稀疏。乳头 3 对，位于腹部及鼠蹊部。周身除背面略带浅棕色外，均呈烟灰色，有银灰色光泽。体侧中央有一麝香腺体，分泌具有奇异麝香味的黄白色黏液。腺体处覆有束状细短毛。头骨狭长，较扁，颧弓缺失。矢状嵴明显，人字嵴发达。颅全长 27 ～ 33 毫米，口盖长 12.2 ～ 14.2 毫米，眶间宽 5.2 ～ 6.1 毫米，后头宽 8.2 ～ 10.3 毫米，上臼齿列长 11.7 ～ 13.9 毫米，下臼齿列长 11.5 ～ 12.5 毫米。牙齿无色素，白色。第一上门齿呈勾状向下前方弯曲，后基部有一小而钝的后尖。上齿列第一单尖齿最大，第四单尖齿最小，隐于齿列线内侧。第一、二上白齿外齿尖呈 "W" 形，第二上白齿最大，第三上白齿最小，约为前者的 1/4。下门齿向前弯曲，上切缘平整。齿式为 3.1.2.3/1.1.1.3。

◆ **生物学习性**

栖息于森林、灌丛、草地、农地、村舍，室内和野外均有分布，室内主要见于土质地面房屋、厨房的阴暗处，可在室内和野外之间流窜，并有季节性迁移现象。以夜间活动为主，傍晚和清晨活动最活跃。受惊或受袭击时释放具有臭味的分泌物以自卫。喜食动物性蛋白，尤其对昆虫类有特别的嗜好，如螳螂、蟋蟀、蚂蚱等，也取食小型鼠类。食量很大，一次能吃 100 多只螳螂或 1 ～ 2 只小家鼠。

◆ **生活史特征**

繁殖能力较强，雌性全年均可怀孕，孕期 30 天左右，连续产仔间隔时间短。每窝 2 ～ 7 只，平均 4.4 只。怀孕率受气候影响较大，春夏季怀孕率较高，此外湿度也是影响其怀孕率的重要因素，在春季的怀孕率远大于秋季（各自为 42.0% 和 19.6%）。

赤 狐

赤狐是食肉目犬科狐属的一种。又称火狐、红狐等。

◆ **地理分布**

分布范围横跨欧亚大陆和北美洲，大致为 7000 万平方千米，且被引进很多国家和地区（如日本、澳大利亚等），可以说是食肉目中分布最广的物种，遍布整个北半球（从北极圈到北非、北美和欧亚大陆）。中国有 5 个亚种。

◆ **形态特征**

狐属动物中体形最大、最常见的物种，体长 50 ～ 80 厘米，尾长 35 ～ 45 厘米，体重 3.6 ～ 7 千克。体型细长，吻尖，耳较大而尖。体色因季节和地区不同变化很大，从黄色到褐色再到深红色等，幼体呈浅灰褐色。常

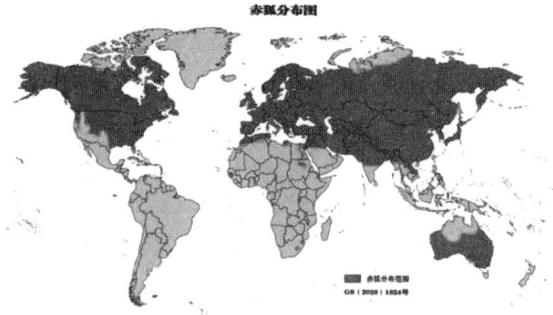

赤狐分布图

见背部毛发红褐色，肩部和体侧略呈淡黄色；耳后黑褐色，耳背上半部毛色与头部毛发差异显著，呈黑色；腹部白色，腿细长而呈黑色。尾形粗大而蓬松，尾长是体长的 60% 左右，尾梢灰白色。四肢外侧黑色条纹延伸至足面。躯体覆有丰富的绒毛和长的针毛；足掌长有浓密的短毛。尾基部有一个 20 毫米长的尾下腺，散发出狐臭味。

◆ **生物学习性**

栖息地分布很广，可见于荒漠、半荒漠、苔原、森林、农田等环境中，尤以有开阔地及植被交错的灌木生境为佳。非常适合在片段化的农

业区和城市区这种群落交错环境中
生存，因而在很多欧洲的大都市都
可见。食性非常杂，但以食肉为主，
主要捕食小型地栖哺乳动物，如兔
类、松鼠等。其他食物如鸟类、蛇类、

赤狐

蛙类、昆虫、浆果和植物等，甚至腐肉也是它们的食物来源。一般居于
其他动物的弃洞、土穴、树洞中。

◆ **生活史特征**

繁殖季一般为一夫一妻制，双亲共同照顾幼崽。夜行性，贮存剩余
食物。每年 12 月开始发情，次年 1～2 月交配；每年 5～6 月幼仔出生；
幼狐当年 8～9 月开始扩散，过独立生活，但雄性通常比雌性扩散得快。
2 岁达到性成熟，寿命 13～14 年，最长可达 15 年。

◆ **种群动态**

虽然分布较广，但是在冰岛、北极群岛及西伯利亚的部分地区没有
赤狐的分布，且赤狐的密度在不同的生境下变化较大。在欧洲地区的赤
狐种群数量有所增加，如德国赤狐的种群数量从 1982 年左右的 25 万只
增加到 2000 年的 60 万只。在其他地区也发现赤狐的种群数量有所增加，
但是全球范围内赤狐的总数量和种群发展趋势未知。1996～2016 年，《世
界自然保护联盟濒危物种红色名录》将其评估为无危（LC），但是在
一些地区赤狐的种群仍受到威胁。例如在蒙古，由于人为过度捕杀，赤
狐处于近危（NT）状态，而在韩国，赤狐已濒临灭绝。

由于赤狐对环境具有极强的适应性，使得它能够在城市环境中生存，

尤其是在农业区，赤狐与人类密切地联系着，增加人类感染各种各样疾病的可能性。比如赤狐是传播狂犬病的重要媒介，同时也是棘球绦虫病的天然宿主，通过与人类直接或是间接的接触，会增加人类患病的概率；此外，赤狐容易感染多种寄生虫，如疥螨、犬弓形虫等，其中疥螨对赤狐的影响较大，它会使赤狐罹患兽疥癣，在 4 个月左右后死亡，在一定程度上影响了赤狐的种群数量。

◆ **保护措施**

赤狐面临的威胁主要来源于栖息地的丧失、破碎化及人类直接、间接的迫害等。虽然赤狐在很多地区不受保护，但在某些地区的个别亚种保护级别较高，例如赤狐蒙大拿亚种被《濒危野生动植物种国际贸易公约》（CITES）列为禁止贸易，在中国为国家二级保护野生动物。整体而言，对于赤狐物种的保护仍然应以保护其所生存的生态系统为主。有猎狐传统的区域应该对狩猎的规模和季节有严格和科学的管理。而对于种群数量稀少而需要重点保护地区的赤狐种群，应找到致危因素，如栖息地丧失、人为捕杀、疾病等，有针对性地开展保护措施。

土　狼

土狼是食肉目鬣狗科土狼属的一种。又称鬣豺。

◆ **地理分布**

分布于非洲东部和南部的干燥平原上。

◆ **形态特征**

身长 55～80 厘米，尾长 20～30 厘米，肩高 40～50 厘米。体重

土狼成体

9～14 千克。前脚有 5 个脚趾，不同于有 4 个脚趾的其他鬣狗。对人无害，胆怯。受攻击时会喷出有麝香气味的液体，可能与攻击者搏斗。体细长，黄色，具黑色条纹。和其他鬣狗不同，不捕食大型动物，而是捕食昆虫，主要是白蚁，也吃昆虫幼虫和腐肉。使用长而黏的舌头，一只土狼一晚可以捕食 20 万只白蚁。栖地穴（常寻土豚的废弃洞穴）。夜行。每胎产仔 3～4 只。

◆ 种群动态

草原燃烧和过度放牧是导致土狼种群总量下降的主要原因。防身武器是臭气，身体瘦小，狮子捕杀它但不吃它。有人推测土狼的条纹是在模拟凶猛的缟鬣狗，让很多食肉动物不敢招惹它。天敌包括人类和家犬。土狼生活的许多地区，都建立起了管理完善的保护区。被世界自然保护联盟（IUCN）列为无危（LC）。

环尾狐猴

环尾狐猴是灵长目狐猴科环尾狐猴属的一种。

◆ 地理分布

分布于马达加斯加岛南部和西南部的干燥森林和丛林中。

◆ 形态特征

头体长为 30～45 厘米，尾长为 40～50 厘米，体重 2 千克左右。

头小，额低，耳大，两耳都长有很多茸毛，头部两侧也是长毛丛生，吻部长而突出，下门齿呈梳状，使得整个颜面看上去宛如狐狸，所以被称为狐猴。但身体却更像猴类，身体背部的毛呈浅灰褐色，腹部为灰白色。额部、耳背和颊部为白色，与黑色的吻部和眼圈构成鲜明的对比。特别是那条具有 11 ～ 12 个黑白相间圆环的长尾，是其独一无二的特征，极易与其他狐猴区别开来。

后肢比前肢长，因此攀爬、奔跑和跳跃能力都非常强，可以在树枝间一跃 9 米。掌心和脚底长着长毛，可以增加起跳和落地时的摩擦力从而不会滑倒，甚至能够像人一样直立行走，长尾巴起到的平衡作用是不可忽视的。但是由于前肢短软无力，所以环尾狐猴下树的时候头上脚下倒退着地。

身上有 3 处臭腺，分布于肛门和腋窝等处，能分泌出一种臭气刺鼻的体液作为路标和领地的记号，其中一处雌雄共有，长在腕关节内侧。公猴的腺体比母猴发达，除了在繁殖季节用作争雌工具外，还可以当作御敌的武器，外敌进犯时环尾狐猴弯曲手臂并用尾巴摩擦腕部和腋窝使体液挥发，尾巴不停甩动，把臭气扇向敌人，据说效果相当明显，公猴腺体的发达程度直接决定了它在猴群中的地位，因此环尾狐猴非常重视卫生，经常互相梳理毛发。

环尾狐猴

◆ **生物学习性**

栖息于较干旱的疏林岩石地带。由于马达加斯加岛东部海岸的群山挡住了来自印度洋潮湿的海风，林中的植物有的枝干很粗，有的叶子很小，有的长满了一排排的刺，以适应干旱的气候。在环尾狐猴栖息的区域往往会有水源存在，使附近形成丰富的植物群落，被称为"森林走廊"。

属于昼行性动物，并且是唯一一种在白天活动的狐猴。性情温和，平时喜欢成群活动，相互用梳子一样的下门齿和钩状的爪来理毛、修饰，或在树上玩耍、觅食，有时也在地上游荡，还经常表现出种种惊险的动作。能在大树横生的枝干上直立行走，因为后肢比前肢长，所以直立行走时与人类走路的姿态很相似。在掌心和脚底还生有长毛，增加了摩擦力，即使在光滑的岩石上行走或跳跃也不至于滑倒。当在大树之间跳跃时，可以用长度几乎等于身体长度的蓬松长尾调节身体平衡，一跃可达9米开外，并且总是用后足先抓握树干。

主要以树叶、花、果实，以及昆虫等为食，一般树叶约占总食物量的34%，果实占47%，花占7%。在树上啃食嫩芽时，常用后肢第二趾的钩爪抓住树枝，并用大趾与其他趾相对，握住树枝，使身体倒悬，同时伸直尾巴与身体成直角，用前肢的"手"捧着嫩芽，倒转脑袋大嚼，或者坐在地上，两手捧食，用臼齿撕咬。环尾狐猴每天要花3～4个小时在地面上采食落果等，还要到固定的水源去喝水，也经常舔食草上的露水，但从不远离树林。在饮水的时候，雄兽必须让雌兽和幼仔先喝完水，否则会被雌兽赶走。

◆ **生活史特征**

发情交配多发生在11～12月，此时为了争夺雌兽，雄兽之间不仅常常会发生互相抓咬的现象，而且上胸部和前臂内侧等处的腺体还能分泌出刺鼻的臭气，每当争斗激烈进行的时候，便用长毛蓬松的大尾巴在腺体处用力摩擦，使其发出更加浓烈的气味来薰赶对方，展开一场雄兽之间的"臭气战争"，胜利者即与雌兽交配。雌兽孕期约 5 个月，一般每胎产 1 ～ 2 仔，偶有 3 仔。幼仔产出时体裸无毛，长毛以后雌兽就背着或抱着幼仔一起生活。幼仔半岁后即可独立生活，2 ～ 3 岁性成熟。寿命约为 18 年。

◆ 种群动态

非洲马达加斯加岛已经成了野生狐猴最后的避难所，除了这座岛屿，这种长有一双美丽大眼睛的灵长类动物已经在地球上的其他地方消失了。其威胁主要来自人类对马达加斯加岛森林资源的过度利用。环尾狐猴的人工饲养工作已经卓有成效，科学家繁育出了数量可观的个体并计划将它们送到自然保护区以恢复和扩大野生种群。被《濒危野生动植物种国际贸易公约》（CITES）列入附录一中。

臭 虫

臭虫是有一对臭腺，能分泌异常臭液的一种寄生虫。在人居室内繁殖，嗜吸人血。古时又称床虱、壁虱。

臭虫的臭腺有防御天敌和促进交配之用。臭虫爬过的地方都会留下难闻的臭气，故名臭虫。

◆ 分布范围

中国的常见种类是臭虫属的温带臭虫和热带臭虫。前者因抗寒性较强，分布遍及全中国；后者抗寒性较弱，分布局限于中国南方的热带和亚热带地区。

◆ 形态特征

成虫背腹扁平，宽椭圆形，红棕色，遍体生有粗短毛。雌虫长约 5 毫米，宽约 3 毫米，雄虫略小于雌虫。头两侧有突出的复眼 1 对，触角 1 对，分 4 节，能弯曲。口器刺吸式，不吸血时弯向胸部腹面的纵沟内。胸 3 节，前胸明显，背板隆起，前缘有不同程度的凹陷，通常温带臭虫凹入深，热带臭虫凹入浅；中胸背板三角形，附着 1 对翅基；后胸背板大部被翅基遮盖。胸部腹面有 3 对足，在中、后足基节间各有 1 个新月形的臭腺孔，受惊扰时，分泌独特的臭气。腹部 10 节组成，仅见 8 节，雌虫腹部第 5 节腹面右侧有一三角形凹陷，为交合口，称柏氏器。雄虫腹部第 9 节有镰刀状交尾器。虫卵长约 1 毫米，淡黄色，椭圆形，具卵盖，略偏一侧。若虫与成虫相似，体形小而颜色浅，生殖器官未发育成熟。若虫须经 5 龄期蜕皮，刚蜕皮时体色乳白，以后渐变褐色。

◆ 生态习性

臭虫的生活史为不完全变态，分卵、若虫和成虫 3 个时期。若虫在蜕皮前必须吸血 1 次以上。臭虫的雌雄虫和若虫均吸血。成虫必须吸血才能产卵，常产于床板、褥垫、蚊帐四角、墙壁、墙纸、地板及木器家具的缝隙中。臭虫贪食，吸血量可超过自身体重的 1 ～ 2 倍。隐藏在高处的臭虫常采取从屋顶、帐顶落下的方法，落于人体上吸血。吸血时并不爬在人的皮肤上，而是停在紧贴皮肤的被褥、衣服或家具上。臭虫的栖息处常有许多棕褐色的粪迹。臭虫繁殖力强，一年 4 ～ 5 代，繁殖代数也视血食、温度和湿度的情况而定。群居习性，怕光，多在夜间寻求血食,其活动高峰在人就寝后 1 ～ 2 小时和拂晓前一段时间。爬行甚快,每分钟达 1 ～ 2.1 米,易散播。成虫耐饥力强,可长达半年多,若虫也可存活 30 ～ 70 天。成虫寿命 1 年或 1 年半。温带臭虫最适宜的生长温度为 28 ～ 29℃,热带臭虫为 32 ～ 33℃。

◆ **与疾病的关系**

臭虫对人的危害,主要是吸血骚扰,影响睡眠。其叮刺时将唾液注入皮内,可使敏感性较高的人瘙痒难忍,局部出现红肿丘疹,挠破皮肤可造成继发性感染。若长期被大量臭虫叮咬吸血,可引起贫血或神经衰弱。

斑 蝥

斑蝥是芫菁科昆虫南方大斑蝥或黄黑小斑蝥的干燥体。破血消症药。又称斑猫、龙尾、螌蝥等。始载于《神农本草经》。

斑蝥在中国大部地区均有分布。商品药材主要来源于野生。

◆ **性状**

南方大斑蝥呈长圆形,长 1.5 ～ 2.5 厘米,宽 0.5 ～ 1 厘米。头及口器向下垂,有较大的复眼及触角各 1 对,触角多已脱落。背部具革质鞘翅 1 对,黑色,有 3 条黄色或棕黄色的横纹;鞘翅下面有棕褐色薄膜状透明的内翅 2 片。胸腹部乌黑色,胸部有足 3 对。有特殊的臭气。

黄黑小斑蝥体型较小,长 1 ～ 1.5 厘米。

◆ **药性和功用**

斑蝥味辛,性热,有大毒,归肝、胃、肾经。具有破血逐瘀、散结

消症、攻毒蚀疮的功能，用于症瘕、经闭、顽癣、瘰疬、赘疣、痈疽不
溃、恶疮死肌。

◆ **成分和药理**

斑蝥主要含斑蝥素、蚁酸等，具有抗肿瘤、升高白细胞数、免疫增
强、抗病毒、抗炎、抗菌和类雌激素样等作用。

◆ **用法和禁忌**

斑蝥具有良好的抗肿瘤效果，可用于肿瘤的治疗。炮制后多入丸散
用，0.03 ～ 0.06 克；外用适量，研末或浸酒醋，或制油膏涂敷患处，
不宜大面积用。有大毒，口服斑蝥的中毒量为 1 克，致死量约为 3 克，
内服慎用。孕妇禁用。

刺猬皮

刺猬皮是刺猬科动物刺猬或达乌尔刺猬的干燥外皮。固精缩尿止带
药。始载于《神农本草经》。

◆ **产地和分布**

刺猬分布于中国大多数地区，主要分布于辽宁西部、河北北部以及
内蒙古东部草原等地区。刺猬皮主产于河北、江苏、山东、河南、陕西
等地。将皮剥下，撒上一层石灰，置于通风处阴干。商品药材主要来源
于野生。

◆ **性状**

刺猬的干燥皮呈多角形板刷状或直条状，有的边缘卷曲呈筒状或盘
状，长 3 ～ 4 厘米。外表面密生错综交叉的棘刺，棘长 1.5 ～ 2 厘米，

坚硬如针，灰白色、黄色、灰褐色不一。腹部的皮上有灰褐色软毛。皮内面灰白色或棕褐色。具特殊腥臭气。优等品以张大、肉脂刮净、刺毛整洁为佳。

刺猬

◆ **药性和功用**

刺猬皮味苦、甘，性平，归胃、大肠、肾经。具有行瘀止痛、止血、固精之功，用于胃脘疼痛、子宫出血、便血、痔疮、遗精、遗尿。

◆ **成分和药理**

刺猬皮主要由角蛋白组成，真皮层主要为蛋白（胶原蛋白质、弹性硬蛋白等）、脂肪等，具有止血、促进平滑肌蠕动等作用。

◆ **用法和禁忌**

刺猬皮长于固精缩尿，适用于肾虚精关不固之遗精滑精。治疗肾虚膀胱失约之遗尿频尿者，常配伍益智仁、金樱子、龙骨等。与木贼等同用，可用于治肠风；与槐角同用，可治痔漏。单用烘干研末以黄酒送服，可治胃痛日久、气血瘀滞兼呕吐证。煎服用量 3 ～ 10 克，研末 1.5 ～ 3 克。孕妇忌服。

蹄兔目

蹄兔目是哺乳纲真兽类的一目。陆栖或树栖兽类。因具蹄状趾甲而得名。喜嚎叫，又称啼兔。

◆ **形态特征**

现生属种体长 30～60 厘米，尾长 1～3 厘米或无外尾。前足 4 趾，有似蹄状趾甲；后足 3 趾，内趾和第二趾有一个长而弯的爪，另一趾短、有扁平的蹄状的趾甲。脚掌具有特殊

蹄兔

附着力的无毛足垫，有腺体分泌以保持足垫湿润，足垫周围高、中央凹，具有吸盘作用，以攀登或跖行。外被针毛，粗硬而蓬松，具有防御功能。背部有臭腺，受惊或愤怒时，臭腺周围的毛散开，腺体外露，臭气四溢，驱避天敌。有 1 对三角形、锐利、能不断生长的上门齿；两对凿状的下门齿；臼齿为脊齿。视觉、听觉均敏锐。

◆ **生态习性**

以植物和昆虫为食。初生时即有被毛、睁眼，不久会走动。没有固定的繁殖季节。两岁性成熟，寿命约 7 年。天敌为蟒、鹰和豹。

◆ **种群动态**

现生种仅 1 科（蹄兔科）3 属 10 种，分布于非洲、西亚。包括蹄兔属的 1 种〔树蹄兔属的 3 种和岩蹄兔属的 6 种。蹄兔目化石自 19 世纪中叶发现以来，已知至少有 16 属，属种多于现生属种，分布亦比现生属种广，而且许多种比现生种大得多，有的大小与现代马相近。它们在古近纪已相当分化，在撒哈拉始新世和埃及早渐新世地层的哺乳动物化石中占很大比重，尤其在埃及早渐新世动物群中属种繁多。新近纪它们分布广泛，除非洲外在希腊、法国、格鲁吉亚和中国北部有发现，但

种类相当贫乏。在更新世，其分布区域与现生种相近，但在中国华北地区早更新世地层中仍有发现。

蜈　蚣

蜈蚣是蜈蚣科动物少棘巨蜈蚣的干燥体。息风止痉药。又称百足、天龙，古名蒺藜、蒯蛆。始载于《神农本草经》。

◆ 产地和分布

蜈蚣在中国各地都有分布，主产于江苏、浙江、安徽、湖北、湖南等省。常栖身于田野荒芜潮湿的草丛、腐木中，以及岩石缝、墙基屋角、砖瓦堆等阴暗处。春、夏二季捕捉，用竹片插入头尾，绷直，干燥。商品药材主要来源于养殖。

◆ 性状

蜈蚣呈扁平长条形，长 9 ～ 15 厘米，宽 0.5 ～ 1 厘米。由头部和躯干部组成，全体共 22 个环节。头部暗红色或红褐色，略有光泽，有头板覆盖，头板近圆形，前端稍突出，两侧贴有颚肢 1 对，前端两侧有触角 1 对。躯干部第一背板与头板同色，其余 20 个背板为棕绿色或墨绿色，具光泽，自第四背板至第二十背板上常有两条纵沟线；腹部淡黄色或棕黄色，皱缩；自第二节起，每节两侧有步足 1 对；步足黄色或红褐色，偶有黄白色，呈弯钩形，最末一对步足尾状，故又称尾足，易脱落。质脆，断面有裂隙。气微腥，有特殊刺鼻的臭气，味辛、微咸。

◆ 药性和功用

蜈蚣味辛，性温，有毒。归肝经。具有息风镇痉、通络止痛、攻毒散结功能，用于肝风内动、痉挛抽搐、小儿惊风、中风口㖞、半身不遂、破伤风、风湿顽痹、偏正头痛、疮疡、瘰疬、蛇虫咬伤。

◆ **成分和药理**

蜈蚣主要含有组胺、溶血性蛋白质、胆甾醇、蚁酸、氨基酸等，具有抗肿瘤、止痉、抗菌，促进免疫功能等作用。蜈蚣有毒性，主要作用于呼吸及神经系统。

◆ **用法和禁忌**

蜈蚣止痉作用较强，用于治疗急惊风、口噤项强、角弓反张之证，常与全蝎、僵蚕、钩藤等配伍以息风止痉；癫痫抽搐可加黄连、天竺黄、贝母等清热化痰之品；口眼㖞斜可配伍天南星、半夏、白芷、僵蚕等同用；顽固性头痛及风湿痹痛，宜选配全蝎、地龙等同用，以加强疏风通络止痛之效。瘰疬未溃者，可用菜油调蜈蚣粉末外涂，已溃者与茶叶研末外敷；疮疡肿毒初期可配雄黄研末，以猪胆汁调敷患部；或配伍大黄、冰片、地黄等研末，醋调成膏外敷。煎服用量 1 ～ 3 克，研末服每次 0.6 ～ 1.0 克。孕妇忌服。

土鳖虫

土鳖虫是鳖蠊科昆虫地鳖或冀地鳖雌虫的全体。活血疗伤药。始载于《神农本草经》。

◆ **产地和分布**

地鳖在中国各地均有，主产于湖南、湖北、江苏、河南，以江苏的产品最佳。野生者夏季捕捉，捕捉后置沸水中烫死，晒干或烘干。商品药材主要来源于养殖。

◆ **性状**

地鳖呈扁平卵形，长 1.3～3 厘米，宽 1.2～2.4 厘米。前端较窄，后端较宽，背部紫褐色，具光泽，无翅。前胸背板较发达，盖住头部；腹背板 9 节，呈覆瓦状排列。腹面红棕色，头部较小，有丝状触角 1 对，常脱落，胸部有足 3 对，具细毛和刺。腹部有横环节。质松脆，易碎。气腥臭，味微咸。

冀地鳖长 2.2～3.7 厘米，宽 1.4～2.5 厘米。背部黑棕色，通常在边缘带有淡黄褐色斑块及黑色小点。

◆ **药性和功用**

土鳖虫味咸，性寒，有小毒，归肝经。具有破血逐瘀、续筋接骨功能，用于跌打损伤、筋伤骨折、血瘀经闭、产后瘀阻腹痛、癥瘕痞块。

◆ **成分和药理**

土鳖虫主要含有脂肪酸、氨基酸、生物碱、胆甾醇、挥发油等，具有抗凝血、调脂、保肝、抑制白血病细胞、调节心脑血管系统等作用。

◆ **用法和禁忌**

土鳖虫咸寒入血，主入肝经，性善走窜，能活血消肿止痛，续筋接骨疗伤，为伤科常用药，尤多用于骨折筋伤、瘀血肿痛。可单用研末调敷，或研末黄酒冲服；临床常与自然铜、骨碎补、乳香等同用；骨折筋伤后期，筋骨软弱，常配伍续断、杜仲等药。土鳖虫还能破血逐瘀而消积通经，常用于经产瘀滞之证及积聚痞块。治血瘀经闭、产后瘀滞腹痛，常与大黄、桃仁等同用，如下瘀血汤；治疗经闭腹满、肌肤甲错，配伍大黄、水蛭等；治疗积聚痞块，可配伍柴胡、桃仁、鳖甲等。煎服用量3 ～ 10 克，研末服 1 ～ 1.5 克，黄酒送服；外用适量。孕妇忌服。

蝽　类

蝽类是昆虫纲半翅目异翅亚目动物。通称蝽，古称椿象。因蝽类的腺孔能分泌一种难闻的气味，又称放屁虫、臭屁虫、臭板虫、臭大姐等。

全世界已知 40000 余种，中国已知 4300 余种。大多数种类陆生，少数水生、半水生；成虫和若虫的栖境、食性等方面相似。为农业、林业及水体等生态系统中常见的一类昆虫，与人类的生产及生活有着密切的联系。

◆ 形态特征

蝽类成虫有小到大型，体壁坚硬、扁平；口器刺吸式，喙 3 或 4 节；大部分蝽类的前翅基部革质而端部膜质，称半翅或半鞘翅。不完全变态，一生具有卵、若虫及成虫 3 个虫态。

◆ 生态习性

部分种类取食经济植物的汁液，常使被害植物叶片变黄、卷曲、幼芽凋萎、果实畸形等，不仅影响植株的长势，而且使经济植物的产量降低、品质下降，严重为害者可使受害植物绝收，如绿盲蝽、茶翅蝽、稻绿蝽等。有些种类还能传播植物病毒，造成更大的损失。部分种类能叮人、吸血、传播病毒，如臭虫、锥猎蝽等。有些种类能捕食多种鳞翅目、同翅目等害虫，在农业、林业害虫的自然控制及生物防治方面起着重要的作用，如猎蝽科、姬蝽科、花蝽科等类群。部分水生蝽类捕食幼鱼是淡水养殖业的敌害。有些种类可食用（如桂花蝉等）与药用（如九香虫等）。

蠋蝽

蠋蝽属半翅目蝽科蠋蝽属的一种捕食性天敌昆虫。

◆ 分布范围

朝鲜半岛及中国的黑龙江、吉林、辽宁、内蒙古、河北、河南、北京、山东、江苏、浙江、江西、湖南、湖北、四川、云南、贵州、陕西、甘肃、新疆等地均有分布。

◆ 形态特征

成虫体色斑驳，盾形，体较宽短，臭腺沟缘有黑斑。体黄褐色或暗褐色，不具光泽，腹面淡黄色，密布深色细刻点，长 10～15 毫米。触角 5 节，第三、四节为黑色或部分黑色。卵圆筒状，鼓形，高 1～1.2 毫米，宽 0.8～0.9 毫米。侧面中央稍鼓起。上部 1/3 处及卵盖上有长短不等的深色突起，组成网状斑纹；卵盖周围有 11～17 根白色纤毛；初产卵粒为乳白色，渐变半黄色，直至枯红色。初孵若虫为淡黄色，复眼赤红色，孵化后头部、前胸背板和足的颜色由白变黑，腹部背面黄色，中央有 4 个大小不等的黑斑，侧接缘的节缝具赭色斑点，5 龄出现翅芽。若虫共计 5 龄，各龄期平均体长为 1.6 毫米、2.9 毫米、4.2 毫米、5.9 毫米、9.6 毫米；体宽为 1.0 毫米、1.2 毫米、2.3 毫米、2.7 毫米、4.6 毫米。

◆ 生活史与习性

蠋蝽可以捕食鳞翅目、鞘翅目、膜翅目及半翅目等多个目的农林害虫，可捕食卵、幼虫和蛹等虫态，此外，蠋蝽具有刺吸植物汁液的特性。在中国北方每年发生 2～3 代，越冬代 4 月中旬到 5 月开始出蛰，5 月上旬开始产卵，中旬出现第一代若虫，6 月中旬出现第一代成虫，7 月上旬第一代成虫交尾产卵，7 月中旬出现第二代若虫，7 月底出现第二代成虫，10 月进入越冬场所。

◆ 人工饲养与应用防治

蠋蝽主要用柞蚕蛹和黏虫进行饲养，栖息植物一般选择杨树和榆树枝条或大豆苗。蠋蝽的人工饲料已较成熟，繁殖多代无种群退化现象。蠋蝽对农业和林业主要鳞翅目和鞘翅目害虫具有很好的防治效果，可有效控制其种群数量。在野外对榆紫叶甲的捕食率达 60%，对侧柏毒蛾的捕食率达 80% 以上，此外，还能有效控制甜菜夜蛾、舟蛾、双斑长跗萤叶甲和黄刺蛾等害虫的发生。

荔枝蝽

荔枝蝽是昆虫纲半翅目蝽科荔蝽属一种。果树害虫。又称荔蝽、荔枝椿象，俗称臭屁虫。

◆ 分布与为害

荔枝蝽在南亚、东南亚国家和中国的福建、台湾、广东、广西、云南及四川等荔枝龙眼种植省区均有分布，是中国荔枝、龙眼产区发生最为普遍的害虫之一，主要为害荔枝和龙眼，也为害其他无患子科植物。成虫、若虫均刺吸嫩枝、花穗、幼果的汁液，导致落花落果。其分泌的臭液触及花蕊、嫩叶及幼果等组织可导致接触部位枯死，大发生时严重影响产量，甚至颗粒无收。

◆ **形态特征**

成虫体长 24.0 ～ 28.0 毫米，宽 15.0 ～ 17.0 毫米，盾形，黄褐色，腹面附有白色蜡粉。雌虫体型一般略大于雄虫，腹部末节腹面中央开裂。雄虫腹部背面末节有一凹下的交尾结构，可作为雌雄的辨别特征。臭腺开口于中足基部侧后方。卵近圆筒形，淡绿色或黄色，随着胚胎的发育逐渐变成灰褐色，孵化前浅红色。若虫共 5 龄。1 龄体形椭圆，初孵时体色血红色，随后渐变成深蓝色，复眼深红色；2 龄开始体形变成长方形，橙红色，外缘灰黑色；3 龄体长 10.0 ～ 12.0 毫米，中胸背面隐约可见翅芽；4 龄体长 14.0 ～ 16.0 毫米，中胸背侧翅芽明显；5 龄体长 18.0 ～ 20.0 毫米，体色略浅于前 4 龄，翅芽更长，羽化前体被蜡粉。腹部背面 4 ～ 5 节间和 5 ～ 6 节间各具一对臭腺。

◆ **生活史与习性**

每年发生 1 代，以成虫越冬。成虫 4、5 月为产卵盛期，可产卵 5 ～ 10 次，每次 14 粒，主要产于叶背，偶尔出现在叶面、花穗、叶梢和果实上。卵期长短与温度有关，18℃ 时 20 ～ 25 天，22℃ 时 7 ～ 12 天。若虫 4 月初开始孵化，初孵时有群集性，数小时后分散取食，为害新梢、花穗、幼果，有假死性，耐饥力强。3 龄后抗药性增强，6 月份若虫成熟羽化，并大量取食准备越冬。性未成熟的成虫于背风面浓密树冠的叶丛背面处越冬，越冬后的成虫脂肪量减少，耐药性降低。翌年 3 月春分前后随温度升高，开始在新梢、花穗取食交尾，交尾 1 ～ 2 天后开始产卵，完成世代更替。

◆ 发生与环境关系

荔枝蝽的发生和为害主要与以下因素有关：①温度。冬天气温过低会降低越冬虫源的存活率，早春低温会延迟蝽象开始活动和产卵的时间。②天敌。主要有平腹小蜂和跳小蜂，均为卵寄生，但早春季节自然寄生率不高。人工释放平腹小蜂可很好地控制荔枝蝽的为害。③寄主植物。取食荔枝花果的雌虫产卵量高，取食嫩枝的雌成虫产卵量低，而取食老枝的成虫不能产卵。成虫的寿命也与食料有关，取食花果的寿命最长，取食嫩枝的次之，取食老叶的成虫寿命最短。

◆ 综合防治方法

清除果园及其周边的杂草并集中烧毁；抹除树干上的干翘树皮，填塞树缝树洞。结合疏花疏果，摘除并销毁卵块或若虫团；或利用荔枝蝽成虫的假死性，在越冬成虫产卵前期气温较低时，早晚突然摇树捕杀坠落的成虫。

早春在荔枝蝽产卵初期把预计 1 ～ 2 天后羽化的平腹小蜂卵卡挂在树冠下层离地面 1 米左右、直径 1 厘米以下的枝条上。10 年树龄以上的大树放 1000 头 / 树，10 年以下的树放 600 头 / 树，均分两批释放，小树可隔株放蜂。

每年 3 月春暖时越冬成虫开始活动交尾，体质较弱，而 4 ～ 5 月是低龄若虫的发生盛期，这两个时期都是防治荔枝蝽的最佳时期，可用敌百虫、高效氯氰菊酯、高效氯氟氰菊酯、溴氰菊酯、甲氰菊酯、噻虫嗪等药剂喷雾 1 ～ 2 次。

根土蝽

根土蝽是昆虫纲半翅目土蝽科根土蝽属一种。又称麦根蝽。俗名地臭虫、土臭虫。作物害虫。

◆ **分布与为害**

在中国内分布于华北、东北、西北和台湾。主要为害小麦、玉米、谷子、高粱及禾本科杂草，对马铃薯、甘薯、荞麦、豆类和苜蓿等也有轻度为害。常年栖息于土壤，在地下为害。成虫和若虫在土壤中以口针刺吸寄主植物的毛根、次生根汁液。被害玉米根系生长不良，根稀疏，根毛较少或无，常褐色腐烂。被害玉米植株从下部叶片开始发黄，苗弱，植株矮小，发育不良，果穗瘦小或不结实，严重时下部叶片枯死，植株早衰。

◆ **形态特征**

成虫体长4～5毫米，宽2.4～3.4毫米，略呈椭圆形，橘红至深红色，有光泽。头向前方突出，头顶边缘黑褐色，有1列刺。触角4节。前胸宽阔，小盾片为三角形，前翅基半部革质，端半部膜质，后翅膜质。前足腿节短，胫节略长，跗节黑褐色变为"爪钩"。卵长1.2～1.5毫米，横宽约1毫米，椭圆形，乳白色。若虫共分5龄。1龄体长约1毫米，乳白色。3龄体长约2.2毫米，黄白色，头、胸部色较深，腹部背板上有3条黄色横纹，翅芽出现，臭腺隐约可见。末龄若虫体长与成虫相近，头部、胸部、翅芽黄色至橙黄色，腹部白色。

◆ **生活史与习性**

根土蝽一般2年发生1代，个别年份东北地区2.5～3年完成1代，世代重叠。以成虫或若虫在土壤中越冬。在黄淮海地区，4月中旬出土为害小麦，在小麦灌浆期形成为害高峰。受害麦田严重早衰，显著降低小麦千粒重。小麦收获后，转移到玉米上为害，在玉米苗期形成为害高峰。9月下旬，成、若虫向土壤深层转移准备越冬，一般越冬深度在40～60厘米，甚至可深钻到70～100厘米处越冬。根土蝽喜透气性较好的沙壤土，旱地、沙土地、免耕地块、小麦玉米连作地块发生重叠。

◆ **防治方法**

合理轮作是简便易行、经济有效的防治措施，可与棉花、花生等非禾本科作物轮作。加强禾本科杂草防除，以断绝根土蝽的食物来源。在秋季深耕，破坏根土蝽的适生环境，减少越冬基数。利用含噻虫嗪或氟虫腈成分的种衣剂包衣，或在播种时施用辛硫磷颗粒剂。在雨后或灌水后于根土蝽出土活动时及时喷洒菊酯类农药或辛硫磷防治，也可在玉米苗根基部撒施辛硫磷或毒死蜱毒土后浇水。

蜚 蠊

蜚蠊是古老的多为棕褐色的一类中型至大型昆虫。曾与恐龙生活在同一时代。俗称蟑螂。

◆ **形态特征**

蜚蠊已被发现5000余种。中国室内常见的蜚蠊种类有德国小蠊、黑胸大蠊、美洲大蠊，在医学上和经济上都具重要作用。

蜚蠊具油亮光泽，长10～30毫米，大小色泽随种而异。头小隐伏于前胸腹面，触角细长呈鞭状。复眼、单眼各1对，口器咀嚼式，由上内唇、下唇、舌、上颚和下颚组成。下唇和下颚各有下唇须与下颚须。前胸背板很大，有的具有斑纹特征。中后胸各有翅 1 对，前翅狭长革质，后翅宽大膜质。3 对足强劲有力，善于疾走。腹部 10 节，第 10 腹节背板称肛上板，其两侧有尾须 1 对，上有空气振动感受器。雄虫第 9 腹节腹板两侧有 1 对腹刺，雌虫无。雌虫末端腹板演变成叶片状构造，具有夹持卵荚（卵鞘）的功能。

◆ **生态习性**

蜚蠊生活史属不完全变态，分卵、若虫、成虫 3 期。成虫交配后约 10 天，雌虫产卵，储于卵荚内。产卵时分泌黏性物质使卵荚黏附于物体上。不同种蜚蠊每个卵荚含卵 16 ~ 40 粒不等。卵期约 1 个月，孵出若虫体甚小，形态上与成虫相似，但无翅，性器官尚未发育成熟，须历经多次蜕皮（7 ~ 13 次），待末龄若虫蜕皮后羽化为成虫。

◆ **食性**

蜚蠊为杂食性昆虫，嗜食含糖和淀粉及发酵的食物，也取食粪便、痰液等排泄物。取食同时呕吐胃内容物并排粪，如此易沾染病原体传播疾病。蜚蠊也能啮咬非食物性材料，如书籍、纸张、纤维板、尼龙袜等。蜚蠊分泌一种有特殊臭味的油状物，在它栖息的场所或吃过的食物上都留下难闻的气味，称为蟑螂臭。蜚蠊耐饥力较强，存活期间水是必不可少的，无水无食物条件下，尚能存活 1 周。

◆ **活动习性**

蜚蠊虽有翅但飞行能力弱，主要靠足疾走。活动相当敏捷，高峰多在夜晚 7 ~ 11 点，以温暖有食物、水源的灶间菜橱和水槽处最常见。

也隐匿于各种器具或缝隙中，因藏及电脑等电器设备中造成系统设备故障，危害严重。卵荚常产于其中，并混有特殊臭味的黑色小粪粒。一般在 15℃ 以上时出现，随温度上升而活动增加。蜚蠊主动迁移而成为居家环境的害虫，其随交通工具被动扩散，使某些种类成为世界广布虫种。

◆ 与疾病的关系

早已证实蜚蠊能携带多种病原体传播疾病，如痢疾、伤寒、霍乱、阿米巴病等。中国报告从蜚蠊体中分离到痢疾杆菌、沙门氏菌、绿脓杆菌、链球菌、大肠埃希菌等 40 种。其中以肠道病菌最重要。蜚蠊体内还可携带金黄色葡萄球菌、结核杆菌、麻风分枝杆菌等。蜚蠊还携带多种病毒，如乙肝表面抗原、脊髓灰质炎病毒、腺病毒。体内还检测到多种霉菌（黄曲霉、青霉）及检出阿米巴包囊、贾第虫包囊、蠕虫卵（蛔虫、鞭虫、蛲虫、钩虫、绦虫）。一般认为，蜚蠊传播疾病主要通过其体表或体内（肠道）携带。此外，蜚蠊可作为美丽筒线虫、东方筒线虫、鼠念珠棘头虫、缩小膜壳绦虫的中间宿主。蜚蠊的排泄物、死亡的虫体是强烈的变应原，可导致人的过敏性哮喘、皮炎等超敏反应。

◆ 常见种类

包括：①黑胸大蠊。体长 20 ～ 30 毫米，通体黑褐色（老红木色）。②美洲大蠊。体长 30 ～ 40 毫米，呈酱红色，前胸背板上有明显的黑褐色蝶形斑。③德国小蠊。室内蟑螂中体型最小的一种。体长 10 ～ 15 毫米，茶褐色，前胸背板上有 2 条黑褐色纵纹。

第 **4** 章

恶臭物质

恶臭物质是指能散发难闻气味，通过空气介质作用于人的嗅觉器官感知而引起不愉快，并有害于人类健康的一类公害气态污染物质。

恶臭物质散发源分布广泛，但多数来自以石油为原料的化工厂、垃圾处理厂、污水处理厂、饲料厂和肥料加工厂、畜牧产品农场、皮革厂、纸浆厂等工业企业，特别是石油中含有微量且多种结构形式的硫、氧、氮等烃类化合物，在储存、运输和加热、分解、合成等工艺过程中产生出臭气逸散到大气中，造成环境的恶臭污染。恶臭物质的分类见表。

分类		主要物质	臭味性质
无机物	硫化合物	硫化氢、二氧化硫、二硫化碳	腐蛋臭、刺激臭
	氮化合物	二氧化氮、氨、碳酸氢铵、硫化铵	刺激臭、尿臭
	卤素及其化合物	氯、溴、氯化氢	刺激臭
	其他	臭氧、磷化氢	刺激臭
	烃类	丁烯、乙炔、丁二烯、苯乙烯、苯、甲苯、二甲苯、萘	刺激臭、电石臭、卫生球臭

分类			主要物质	臭味性质
有机物	含硫化合物	硫醇类	甲硫醇、乙硫醇、丙硫醇、丁硫醇、戊硫醇、己硫醇、庚硫醇、二异丙硫醇、十二碳硫醇	烂洋葱臭、烂甘蓝臭
		硫醚类	二甲二硫、甲硫醚、二乙硫、二丙硫、二丁硫、二苯硫	烂甘蓝臭、蒜臭
	含氮化合物	胺类	一甲胺、二甲胺、三甲胺、二乙胺、乙二胺	烂鱼臭、腐肉臭、尿臭
		酰胺类	二甲基甲酰胺、二甲基乙酰胺、酪酸酰胺	汗臭、尿臭
		吲哚类	吲哚、β-甲基吲哚	粪臭
		其他	吡啶、丙烯腈、硝基苯	芥子气臭
	含氧化合物	醇和酚	甲醇、乙醇、丁醇、苯酚、甲酚	刺激臭
		醛	甲醛、乙醛、丙烯醛	刺激臭
		酮和醚	丙酮、丁酮、己酮、乙醚、二苯醚	汗臭、刺激臭、尿臭
		酸	甲酸、醋酸、酪酸	刺激臭
		酯	丙烯酸乙酯、异丁烯酸甲酯	香水臭、刺激臭
	卤素衍生物	卤代烃	甲基氯、二氯甲烷、三氯乙烷、四氯化碳、氯乙烯	刺激臭
		氯醛	三氯乙醛	刺激臭

炼油化工企业恶臭物质的来源主要有两方面，包括生产工艺中反应原料在物化、生化反应过程中产生的气体，也包括间接来源于生产过程中原料存储、输送作业中散发的有机污染物的气体。通常采取吸

收法（物理吸收法、化学吸收法）、吸附法（活性炭、化学吸收剂等）、燃烧法（直接或催化燃烧）、生物法（生物滤池和土壤滤体法）、掩蔽法（植物液）、离子法（离子或光催化法）等方法对恶臭物质进行控制与处理。

邻二甲苯

邻二甲苯是二甲苯的一种同分异构体。简称 OX。

无色透明液体，有类似甲苯的臭味。沸点为 144.4℃，闪点为 30℃，相对水的密度为 0.88。易燃，其蒸气能与空气形成爆炸性混合物，遇热、明火、强氧化剂有引起燃烧爆炸的危险，属于低毒类物质。是生产邻苯二甲酸酐、染料、杀虫剂等的化工原料，其中 90% 的邻二甲苯用于生产邻苯二甲酸酐。邻二甲苯最初主要是从煤焦油中制得，大部分邻二甲苯经芳烃生产工艺由催化重整汽油、乙烯副产裂解汽油中提取。中国邻二甲苯主要生产企业为中国石化扬子石化公司、齐鲁石化分公司、镇海炼化分公司、中国石油吉林石化分公司、辽阳石化分公司等。

己　酸

己酸为有机酸。是 6 个碳的直链羧酸，分子式为 $CH_3(CH_2)_4COOH$，为脂肪酸之一，自然存在于动物脂肪及植物油中，在椰子油、奶油中以甘油酯的形态存在。有不愉快的汗臭味，是造成腐烂银杏肉质种子外皮难闻气味的来源之一。也是白酒中的微量香味成分之一，尤其在浓香型和酱香型白酒中含量较多。可用于调配香精。

三氧化二磷

三氧化二磷的化学式是 P_2O_3。

白色蜡状晶体，易吸潮，有蒜臭味，毒性很强；熔点 23.8℃，沸点 173℃，密度 2.13 克 / 厘米^3；能溶于冷水，缓慢生成亚磷酸，因而又称亚磷酸酐，易溶于有机溶剂。在空气中加热变为五氧化二磷。磷在常温下缓慢氧化，或在空气中不充分燃烧都会产生三氧化二磷。

七氟化碘

七氟化碘的化学式是 IF_7。

无色有霉烂臭味的气体，冷冻后成无色晶体；液态密度 2.8 克 / 厘米^3（6℃），三相点 6.5℃，4.8℃ 时升华。七氟化碘的化学性质很活泼，可与除铂系元素以外的所有金属和大多数非金属反应。七氟化碘可用过量的氟和碘一起加热或由五氟化碘氧化制得。

丁　酸

分子中含有四个碳原子的饱和羧酸，分子式 $CH_3(CH_2)_2COOH$。

四个碳原子以直链型相连的称为丁酸，以支链型相连的称为异丁酸。上述两种酸互为同分异构体。丁酸常以酯的形式或游离状态存在于自然界中，例如，丁酸的甘油酯存在于奶油中，所以丁酸又称酪酸；丁酸丁酯存在于桉树中；己酯存在于白芷中；辛酯存在于防风草中；游离的丁酸存在于动物的汗液和粪便中。

丁酸为无色液体；熔点 -5.1℃，沸点 163.7℃，相对密度 0.9577（20/4℃）。丁酸与水可形成二元共沸物，含水量为 81.4%，沸点为 99.4℃。丁酸易溶于水、乙醇、醚和其他常用的有机溶剂中，其钙盐在热水中的溶解度比冷水中小。丁酸具有刺激性臭味，极稀溶液也有汗臭味。酸败牛奶的臭味就是丁酸酯水解成丁酸的缘故。

淀粉和糖受丁酸菌的发酵可产生丁酸。工业上常利用丁醇或丁醛的催化氧化制备丁酸，而丁醛可由石油气中的丙烯进行氢合羰基化反应制得。实验室中常用乙酰乙酸乙酯或丙二酸二乙酯合成法制备丁酸。

丁酸的主要用途是制造丁酸纤维素，它在防老化、耐水性、收缩性等方面均比醋酸纤维素优。丁酸也广泛用于制造清漆和模塑粉。丁酸也可制造乙酸丁酸纤维素；它能与多种树脂混溶，可用于配漆、抽丝、与棉混纺。丁酸的另一主要用途是与低级醇形成酯，这些酯具有不同的香味，广泛用于香料工业，例如丁酸甲酯似苹果香，乙酯似菠萝香，异戊酯似梨香。三丁酸甘油酯可作纤维素塑料的增塑剂。

溴

溴是化学元素，元素符号 Br，原子序数 35，原子量 79.904，属第四周期系ⅦA（或 17）族，卤素。

◆ 简史

1824 年法国 A.J. 巴拉尔将氯气通入盐湖的苦卤母液，溶液变成棕红色，它可以被乙醚萃取，遇到氢氧化钾，红棕色消失；烧干的残渣加入二氧化锰及硫酸，再加热时有红色蒸气，冷凝成棕色液体，具刺鼻的气味。由于当时已经发现氯和碘，巴拉尔将红棕色物质误认为氯与碘的化合物，直到 1826 年巴拉尔才确定它是元素溴。法国科学院委员将它命名为 bromine，来源于希腊文 brōmos，原意为"臭味"。

◆ 存在形式

在地壳中，溴的含量为 2.4×10^{-4}%，均以溴化物的形式存在。海水中平均含溴 6.5×10^{-3}%。成人人体平均含量为 2.9 毫克 / 千克。某些盐湖、温泉、盐井中也含有溴，自然界还有少量溴化银矿。天然的溴由两种稳定同位素组成，它们是溴 -79 和溴 -81。溴至少有 23 种放射性同位素是已被发现可以存在的。光卤石溴含量不超过 0.1% ～ 0.35%，而岩石中仅有 0.005% ～ 0.04%，含溴品味较高的矿物是水镁石和溢晶石。

◆ 物理性质

在常温、常压下，溴是黏稠、可流动的液体，是唯一的液态非金属元素；有恶臭，有毒，重度大，腐蚀性强；熔点 -7.2℃，沸点 58.8℃，密度 3.1028 克 / 厘米 ^{3}，比热 0.473 焦 / 千克。气态溴为红棕色。晶胞为正交晶胞。第一电离能为 11.814 电子伏。液态溴为暗红色，固态溴几乎为黑色。溴在水中的溶解度为 3.53 克 /100 克 H_2O（20℃），溴的水溶液称为溴水。在非极性溶剂（如四氯化碳、二硫化碳）中的溶解度较大，易溶于乙醇、乙醚、氯仿、二硫化碳、四氯化碳、浓盐酸和溴化物水溶液，可溶于水，在水中的溶解度较小。

◆ 化学性质

溴原子的电子组态为 $3d^{10}4s^24p^5$，第一电离能 11.814 电子伏，氧化态 -1、+1、+3、+4、+5、+7。溴不如氟、氯活泼，但比碘强，是中等强度的氧化剂。常温下溴与水发生歧化反应，生成 HBr 和 HBrO$_3$。除个别贵金属外，溴能与所有的金属化合成溴化物（与活泼金属在常温下能反应，与不活泼金属只有在加热条件下才能发生反应，与铝、钾等作用发生燃烧和爆炸），也能与电负性比它小的非金属形成共价型溴化物，如 PBr$_3$。如果溴与电负性比它大的非金属化合，则溴呈正氧化态，如 BrF$_3$、BrCl。溴能与一些具有还原性的无机物作用，如溴能氧化 I$^-$ 为 I^2，氧化 S^{2-} 为单质 S；溴还能与许多有机化合物（如烷烃、烯烃、炔烃）发生取代反应或加成反应。

◆ **化合物**

溴的重要化合物有溴化氢、溴化钠、溴化钾等。溴化氢由氢气 H^2 和溴 Br^2 直接化合而得。溴化氢无色有刺激性臭味气体。有毒，易溶于水，水溶液称为氢溴酸。易被液化。溴化钠是白色结晶或粉末。有咸味或微带苦味。从空气中吸收水分结块但不潮解。溶于水。低毒，有刺激性。用于微量测定镉分析化学、照相制版、制药。

◆ **制法**

①工业制法。空气吹出法是工业上制备溴的主要方法。生产溴的原料为海水和盐湖水的卤水，以及处理钾盐矿（光卤石、钾石盐）过程中的母液。在这些液体中，溴以溴化物形式存在。将氯气通入 pH 为 3.5 的这类液体中即得溴。

用碳酸钠溶液吸收空气吹出的游离溴，得溴化钠和溴酸钠，再经酸化，在碱性环境下歧化，使溴重新释出，浓缩溶液在酸性条件下逆歧化。将氢溴酸与过氧化氢混合，溶液就会变为橙红色（有溴生成），然后用蒸馏法提纯。也可通入二氧化硫到含游离溴的溶液中，可得到浓度较大的溴化氢溶液，然后通入氯气和水蒸气，从溶液中再次释出单质溴。

②实验室制法。将氢溴酸与过氧化氢混合，溶液就会变为橙红色（有溴生成），这时将其蒸馏就得到纯度很高的液溴。该反应放热，要注意控制其温度。溴可以腐蚀橡胶制品，所以在进行有关溴的实验时要避免使用胶塞和胶管，也可以加热溴化钾－溴酸钾与浓硫酸的混合物并蒸馏来制溴单质。

◆ **应用**

单质溴主要用于制备无机和有机溴化物，也用于漂白、消毒和制备杀虫剂。溴蒸气被用于敏化银版摄影法用的银版的第二步，该版之后会经过汞蒸气的处理。溴的作用是加强刚被碘化银版的光敏。溴化物，其代表药物为溴化钾（或钠）。溴化物的主要作用为加强大脑皮质的抑制过程，使其更加集中，从而调节失去平衡状态的高级神经活动，使之恢复正常。工业上用量最大的溴化物是二溴乙烯，它是汽油抗爆剂的重要组分，可减低铅的毒性。溴化乙啶在凝胶电泳中当作 DNA 的染色剂。

◆ **安全**

液态溴与皮肤接触会破坏组织，导致难以治愈的溃疡，它还能刺激眼、鼻和气管的黏膜。溴蒸气有刺激性恶臭，引起流泪、咳嗽、头晕、头痛和鼻出血，高浓度时还会引起窒息和支气管炎。空气中溴的允许含量不超过 0.002 毫克 / 升。

吸入时，迅速脱离现场至新鲜空气处，保持呼吸道通畅。食入时，误服者用水漱口，给饮牛奶或蛋清或纯碱水，或就医。皮肤接触时，立即脱去被污染衣着，先用水冲洗，然后用 1 体积（25%）氨水、1 体积松节油和 10 体积（95%）乙醇的混合液涂敷，也可先用苯、甘油等除去溴，然后再用水冲洗，或就医。眼睛接触时，立即提起眼睑，用大量流动清水或生理盐水彻底冲洗至少 15 分钟，或就医。

氯化氢

氯化氢的化学式是 HCl。

◆ 物理性质

无色有刺激性气味的气体。熔点 -144.17℃，沸点 -85℃，气体密度 1.00045 克 / 升，临界温度 51℃，临界压力 82 大气压；易溶于水，在 25℃ 和 1 大气压下，1 体积水可溶解 503 体积的氯化氢气体。干燥氯化氢的化学性质很不活泼。碱金属和碱土金属在氯化氢中可燃烧，钠燃烧时发出亮黄色的火焰。

◆ 化学性质

锌、镁、铁等较活泼的金属以及大多数金属氧化物都不能与干燥的氯化氢作用。干燥氯化氢具有一定的还原性，如氧气在加热时可把它氧化。

湿的氯化氢气体的化学性质却相当活泼，能与上述金属及氧化物发生反应。工业上用氢与氯在 250℃ 直接化合以制取氯化氢；它也是烃类氯化的副产品。实验室制法是用浓硫酸与氯化钠作用。

此外，氯与水反应生成盐酸和次氯酸，在光照下次氯酸分解释放出氧，得到纯盐酸。

◆ 安全

氯化氢气体对呼吸系统有刺激作用，并能使牙齿患病。空气中可允许的氯化氢最高浓度为 0.01 毫克 / 升。氯化氢的水溶液称盐酸。

氯

氯是化学元素，元素符号 Cl，原子序数 17，原子量 35.45，属周期系ⅦA（或 17）族，卤素。

◆ 简史

1774 年 C.W. 舍勒曾通过盐酸与二氧化锰的反应制得一种黄绿色的气体氯，但是因为这种气体溶于水形成盐酸，而当时普遍认为酸中必含有氧，而且氯水也会放出氧气，C.-L. 贝托莱错误地认为这种黄绿色的气体是盐酸和氧的加合物。H. 戴维做了许多实验，都未能从氯气中分解出氧气，1810 年他正式提出氯气是一种化学元素，并命名为 chlorine。元素英文名来源于希腊文 chlöros，原意为"黄绿色"。

◆ 存在

氯在地壳中的含量为 0.0145%，除了火山气体中含有微量氯气外，自然界几乎不存在游离状态的氯，它大多以氯离子的状态存在于化合物中。由于无机氯化物大多溶于水，所以氯最大量地存在于海水中，每千克海水中约含 18.97 克氯离子（相当于 3% 氯化钠）。有些地方海水干涸，就形成丰富的岩盐。中国青海盐湖和四川井盐卤水中都含有大量的氯化物。天然存在的氯是由两种稳定同位素组成的，即氯 -35（75.53%）和

氯 -37（24.47%）。重要的人工放射性同位素有：氯 -34（半衰期 1.528 秒），氯 -36（半衰期 3.02×105 年）和氯 -38（半衰期 37.29 分）。

◆ **物理性质**

氯单质为黄绿色气体，有窒息性气味；熔点 -101.5℃，沸点 -34.04℃，气体密度 3.209 克 / 升（0℃）。20℃ 时 1 体积水可溶解 2.15 体积氯气，所得溶液称为氯水。在低于 10℃ 的氯饱和的水中，可析出固态水合物 $Cl_2 \cdot 6H_2O$ 和 $Cl_2 \cdot 8H_2O$。

◆ **化学性质**

氯原子的电子组态为 [Ne] $3s^2 3p^5$，氧化态 -1、+1、+3、+4、+5、+6、+7。单质氯（即氯气）非常活泼，湿的氯气比干的氯气更活泼。氯获得 1 个电子后变成 -1 氧化态的氯离子。氯气有强氧化性，能与大多数金属和非金属元素直接化合生成氯化物。例如，氯气与磷直接反应可得到三氯化磷和五氯化磷，与硫反应生成二氯化硫、二氯化二硫、四氯化硫等。氯气与金属反应生成的多数金属氯化物是离子型化合物，如氯化钠、氯化钙等。但也有很多高价金属氯化物，如四氯化钛、四氯化锡是液态的共价化合物。通过间接方法，氯也可以与氧、氮、碳生成化合物，如氧化物 Cl_2O、ClO_2、Cl_2O_6 和 Cl_2O_7 等。氯也能和化合物反应，例如，与有机化合物进行取代反应或加成反应；高温下与某些金属氧化物反应（需要有碳参与）生成无水氯化物；与溴化物和碘化物反应，分别置换出溴和碘；溶于水并部分发生歧化反应生成次氯酸和盐酸，也可部分氧化产生氧气。因此，氯水中除含有氯以外，还含有次氯酸、盐酸和氧。氯气可以和氨反应生成三氯化氮，与二硫化碳反应生成四氯化碳等。

在氯的含氧酸中，氯呈正氧化态。氯的这种电正性倾向只在氯与氧或氟所形成的化合物中才能显示出来，这是因为氧或氟的电负性比氯更大。氯的正氧化态主要有 +1、+3、+5 和 +7，对应于次氯酸根 ClO^-、亚氯酸根 ClO_2^-、氯酸根 ClO_3^- 和高氯酸根 ClO_4^- 离子中的氯。

◆ **制法**

在工业上，大量的氯气是由氯碱工业电解食盐水制备，同时得到氢氧化钠；另一种方法是电解熔融的氯化镁、氯化钠、氯化锂制取金属镁、钠、锂时得到氯作为副产物；少量的氯可由氧化有机合成工业的副产物氯化氢得到。在实验室里，常用二氧化锰等氧化剂与浓盐酸反应制取氯气；其他氧化剂如高锰酸钾、重铬酸钾、氯酸钾和次氯酸钠等也能与盐酸反应制备氯气。

◆ **应用**

氯气的产量是工业发展的一个重要标志。大量的氯消耗在化学工业尤其是有机合成工业中，以生产塑料和合成橡胶等，如聚氯乙烯塑料和氧化丙烯制聚酯塑料等。也用于染料、溶剂及其他化学制品或中间体的制备，并用作造纸、纺织工业上的漂白剂。氯气还可用于饮用水的消毒，从海水或盐水中提取溴，制氯氟烃（CFC）、杀虫剂和合成药物等。

◆ **安全**

氯气具有窒息性臭味，对眼和呼吸系统都有刺激作用，每升大气中含有 2.5 毫克的氯气时，即可在几分钟内使人死亡。长期吸入少量氯气可导致面部呈淡绿色，引起支气管发炎；吸入大量的氯气，可发生严重的咳嗽、呼吸道发炎甚至窒息。在空气中，通常可允许的游离氯最高浓度为 0.001 毫克 / 升。

二硫化碳

二硫化碳的化学式是 CS_2。工业溶剂。

◆ **性质**

纯品为无色、易挥发透明液体，熔点 -111.7℃，沸点 46.2℃，密度 1.2632 克 / 厘米^3（20℃）；略带香味，在日光照射、与水接触后带有恶臭。工业品因含杂质通常呈黄色并有恶臭，不溶于水，但溶于氢氧化钠或硫化钠溶液。与无水乙醇、乙醚、苯、氯仿、四氯化碳互溶，能溶解碘、溴、硫、黄磷、树脂、橡胶、樟脑、动植物油脂、蜡等。

易燃，空气中含量超过 0.063 克 / 升可着火，燃点 232℃。二硫化碳和硫化钠作用得红色硫代碳酸钠 Na_2CS_3，后者是灵敏的金属试剂。二硫化碳和氢氧化钠反应得硫代碳酸钠和碳酸钠的红色溶液。

◆ **制法**

20 世纪 50 年代以后工业上多以天然气（甲烷）和硫黄（天然气 - 硫黄法）制取二硫化碳。在有硅胶、氧化铝或铝矾土作催化剂存在下将甲烷与硫黄蒸气混合，加热到 580 ~ 635℃ 即得到含二硫化碳的混合气体，回收未反应的硫黄、甲烷以及杂质硫化氢后，冷凝得二硫化碳产品。此法成本较低，适宜大规模生产。

◆ **应用**

二硫化碳主要用于制黏胶纤维和四氯化碳，还广泛用作工业溶剂、羊毛脱脂剂、杀虫剂、橡胶硫化促进剂、油漆和清漆脱膜剂、有机合成催化剂和油井清洗剂等。二硫化碳在萃取脂肪、油类、蜡类中的应用，已被毒性较小、燃点较高的其他溶剂，如四氯化碳、三氯乙烷所取代。

二氧化硫

二氧化硫的化学式是 SO_2。又称亚硫酸酐。

◆ 性质

无色有刺鼻臭味的有毒气体。不可燃、易液化，熔点 $-75.45℃$，沸点 $-10.02℃$，气体密度 2.619 克/升。液态二氧化硫是非水溶剂，可以溶解许多无机物和有机物。二氧化硫易溶于水，生成亚硫酸，所以又称亚硫酸酐。二氧化硫分子是 V 形结构，键长 143 皮米，键角 119.5°。二氧化硫兼有氧化性和还原性，还原性强于氧化性，例如被氧氧化。即催化法制硫酸的反应；作为氧化剂，二氧化硫及其水溶液能氧化硫化氢。

◆ 制法

制取二氧化硫的方法有：焚烧硫黄；焙烧硫铁矿或有色金属硫化矿；焚烧含硫化氢的气体。生产液体二氧化硫时通常先制得纯二氧化硫气体，然后经压缩或冷冻将其液化；或以冷冻法从含二氧化硫的气体中将其冷凝分离，直接制得液体二氧化硫。

◆ 应用

二氧化硫除用于制造硫酸外，还用作漂白剂、防腐剂、消毒剂和用于造纸业。

◆ **安全**

二氧化硫是大气中含量最大的有害成分，是造成全球范围内"酸雨"的主要因素，约 80% 是火力发电厂排放的，应设法减少其排放量。

硫化氢

硫化氢的化学式是 H_2S。

无色有臭蛋味的气体，熔点 -85.5℃，沸点 -59.55℃，密度 1.539 克 / 升。自然界有少数天然硫化氢气井。

◆ **性质**

硫化氢能溶于水，在 25℃ 和常压下，溶于水生成的饱和溶液浓度为 0.102 摩 / 升。水溶液称氢硫酸，是一种弱酸，电离常数为 $K_1=8.9\times10^{-8}$，$K_2=1\times10^{-19}$。氢硫酸久置于空气中后，溶液变混浊，因为空气把它氧化成硫。硫化氢具有强还原性，依照氧化剂强弱的不同，可被氧化成硫、二氧化硫和硫酸。

常温下硫化氢性质稳定，在高于 400℃ 和有水汽时，硫化氢开始分解，1700℃ 完全分解。氢硫酸中的 S^{2-} 和 HS^- 离子是无色的，许多金属离子能在溶液中与硫化氢作用，在不同酸度溶液中生成溶解度各不相同、颜色各异的硫化物沉淀，例如，钠、钾、铵的硫化物（无色）易溶，硫化锌（白色）溶于稀酸，硫化镉（黄色）溶于盐酸，硫化铜（黑色）溶于硝酸。利用这种性质，可以把许多金属离子分组分离，进行定性分析。

◆ **制法**

硫化亚铁和稀硫酸反应生成硫化氢，其中常含氢气（因硫化亚铁中含单质铁），可借干冰冷却成液态硫化氢而和氢分离。氢和硫（熔融）反应也能生成硫化氢。

◆ **安全**

硫化氢气体有毒也有爆炸性，当空气中含有 4.5% ～ 45.5%（体积）的 H_2S 时，可发生爆炸。含有 0.1% H_2S 时，可使人中毒，严重时致人昏迷、窒息以至死亡。生产车间允许最高含 H_2S 量为 0.01 毫克 / 升。废气中少量硫化氢可用碱溶液吸收，或使之通过氧化锌而被除去。

空气中微量硫化氢可使古画上某些白色（碱式碳酸铅）变成黑色（硫化铅）。

臭　氧

臭氧化学式是 O_3。氧的同素异形体，由 3 个氧原子形成的单质。

1840 年，C.F. 舍恩拜因发现当氧气通过放电弧时产生一种特殊臭味的气体，即 O_3，称为臭氧。

大气中有少量臭氧，靠近地面的大气中臭氧很少，随大气层升高，其中臭氧含量也增大，臭氧主要（约 91%）集中在离地面垂直高度 15 ～ 40 千米处的臭氧层，20 ～ 30 千米处浓度最大，约 2×10^{-5}%。

臭氧是由大气中的氧经紫外线的光化学作用产生的，高空臭氧层能吸收太阳辐射的大部分紫外线，从而保护了人类和其他生物免受紫外线的伤害。但臭氧也能被某些化学物质，如氮的氧化物和氯的催化而分解，使臭氧层变薄，甚至出现空洞。照射到地表的紫外线增多，对动植物不利，如人的皮肤癌患者将增多。臭氧能刺激黏膜，对人和动物有害，长期生活在含有臭氧的空气中是不安全的。然而极少量臭氧对人体有利。

◆ **物理性质**

臭氧分子是等腰三角形结构,键角 116.8°,键长为 127.8 皮米,是单质中唯一具有极性的分子,偶极矩 0.53 德拜。天蓝色刺激性气体,液态呈暗蓝色,固态呈蓝黑色。气态臭氧的密度 1.962 克 / 升(25℃),液态密度 1.46 克 / 厘米^3(-112℃),1.571 克 / 厘米^3(-183℃)。熔点 -193℃,沸点 -111.35℃。

◆ **化学性质**

臭氧的化学性质有不稳定和强氧化性。臭氧极易分解,特别是在高浓度、受热和有 NO 与金属共同存在时。臭氧是比氧更强的氧化剂。一般情况下,它的氧化作用可以在较低的温度下进行。它能将硫氧化成三氧化硫,将银氧化成氧化银,将碘离子氧化为碘;后一反应进行得很完全,可用来定量测定臭氧。作氧化剂时,通常只用其中"1 个氧"。

臭氧的一个重要用途是测定有机物中双键位置。烯烃容易和臭氧生成臭氧化物,后者在催化氢化(H_2/Pd),或锌和盐酸存在下水解生成醛或酮;若直接水解,生成的过氧化氢又将醛氧化成酸。从反应最后的产物可以判定该烯烃中双键所在的位置。

◆ **制法**

使氧气或空气通过臭氧发生器在高频放电作用下产生 9% ~ 11%(体积)臭氧,最高可达 18%,冷却得深蓝色液体,分馏可得纯的臭氧。纯的液态臭氧相当稳定,但当有一点灰尘或有机物,即发生爆炸。此外,高电流密度(47 ~ 68 安 / 厘米^2)电解冰冷的稀硫酸(密度 1.085 克 /

厘米³），用紫外线（波长＜185纳米）辐照氧，用浓硫酸作用于过氧化钡，以及在湿空气中氧化黄磷也都可以生成臭氧。

◆ 应用

因为臭氧是强氧化剂，又具有消毒和杀菌的作用，臭氧可用作强漂白剂，其作用比过氧化氢、氯、二氧化硫都快。也可用于水的消毒，用后变成氧气，不像用氯消毒后有残留的气味。臭氧还用于有机合成（如壬二酸和制药工业中的某些中间体）。

磷化氢

磷化氢的化学式是 PH_3。

无色、易燃、极毒气体，有像蒜和芥子的气味；熔点 -133.8℃，沸点 -87.75℃。分子结构呈棱锥型，四面体一角有孤对电子。磷化氢溶于乙醇和乙醚，20℃ 时在水中的溶解度约为 0.20%（体积）。水溶液的碱性比氨弱。磷化氢可由强碱或热水与白磷作用生成，也可由磷化钙水解产生。磷化氢可作某些有机磷化合物的原料。

◆ 制法

磷化氢的制备方法很多，其中类似于制备氨的反应。如磷化钙的水解方法，类似于 Mg_3N_2 的水解；碘化磷同碱的反应，类似于氯化铵和碱的反应。此外白磷在热的碱溶液中歧化也能得到磷化氢。

磷化氢是很强的还原剂，可以从某些金属的盐溶液中将金属还原出来。例如，通过 $CuSO_4$ 溶液时，有 Cu_3P 和 Cu 沉淀析出。

二氧化氮

二氧化氮的化学式是 NO_2。分子量 46.006。

◆ 物理性质

气态为红棕色，液态为黄褐色，固态为无色。气态密度 1.88 克 / 升，沸点 21.15℃。易溶于水，溶于水部分生成硝酸和一氧化氮。

◆ 化学性质

二氧化氮是含有大 π 键结构的典型分子。大 π 键含有 3 个电子，其中 2 个进入成键 π 轨道，1 个进入非键 π 轨道。NO_2 是 1 个顺磁性弯曲型（V 型）的分子，对称点群为 C_2v，ONO 键角为 134.3°，N — O 键长 119.7 皮米。

二氧化氮分子含有 1 个未成对电子，因此它的很多反应类似于自由基。比如，它很容易发生二聚，且在有机合成中用作硝化剂，可以从饱和烃中夺取氢。也可以与不饱和烃或芳香烃发生加成反应。

很容易聚合，通常情况下与其二聚体形式——四氧化二氮（无色抗磁性气体）混合存在，构成一种平衡态混合物。

NO_2 到 N_2O_4 是放热反应，因此 NO_2 单体在高温时稳定。在低温下，二氧化氮气体转化为无色的四氧化二氮（N_2O_4）气体；高温时，N_2O_4 转变回 NO_2。固态时（凝固点以下），混合物几乎全部为四氧化二氮，二氧化氮约占 0.1%；温度高于 140℃ 时，则全部分解为二氧化氮；超过 150℃ 即发生热分解，至 620℃ 完全分解。

二氧化氮中的 N — O 键键能较低，故它是很好的氧化剂。特定条件下可以将氯化氢、一氧化碳等还原剂氧化。有时与烃混合后，会使烃类发生爆炸性燃烧。

与水反应歧化生成硝酸。该反应是工业上用氨制硝酸（奥斯特瓦尔德制硝酸法）的反应之一。溶于氢氧化钠溶液歧化生成亚硝酸钠与

机动车尾气排放

硝酸钠，该反应是除去实验中二氧化氮尾气的常用反应。与一氧化氮溶于氢氧化钠溶液中生成亚硝酸钠。光照或加热时，硝酸可以分解出二氧化氮，这就造成了大多数硝酸样品所特有的黄色。与金属氧化物反应生成无水金属硝酸盐。与烷基和金属碘化物反应得到相应的亚硝酸盐。

◆ **制法**

工业上用空气中的氧气氧化一氧化氮制取二氧化氮。在实验室中，可以通过金属硝酸盐的热分解反应制备少量的二氧化氮。也可以通过五氧化二氮的热分解来制备 NO_2。五氧化二氮可以通过硝酸脱水得到。生成的气体冷凝以除去硝酸，再通过五氧化二磷干燥，便得到较纯净的二氧化氮。

用金属（铜、锌）和浓硝酸反应也可以生成二氧化氮。硝酸光照分解也可以产生二氧化氮。

◆ **来源与危害**

二氧化氮主要来源于化石燃料的高温燃烧过程，如机动车尾气、锅炉废气等。除了人类活动，还来自平流层、细菌呼吸、火山和闪电等。痕量 NO_2 在吸收阳光和调节对流层化学成分方面起着重要作用，尤其是对臭氧形成有不可忽视的作用。然而由于人类活动向大气排放过多的

NO_2，造成了酸雨和水体富营养化等诸多污染，给自然生态和人类都带来严重危害。

◆ **用途**

NO_2 在制造硝酸的过程中用作中间体，在制造化学炸药的过程中用作硝化剂，作为聚合丙烯酸酯工艺中的阻聚剂，以及作为面粉漂白剂。它也被用作火箭燃料中的氧化剂。

氨

氨是氮与氢的化合物。化学式 NH_3。

氨分子中氮原子以 sp^3 杂化轨道与氢原子形成共价键，分子呈三角锥形。

◆ **物理性质**

无色具有刺鼻臭味的气体，熔点 -77.65℃、沸点 -33.33℃，比同族其他元素的氢化物（PH_3、AsH_3、SbH_3）的熔、沸点高出很多，这主要是由于氮的原子半径较小，电负性较大，分子间易形成氢键所致。密度 0.7329 克 / 升（-77.7℃），临界温度 132.4℃，临界压力 11.28 兆帕。液态氨是无色的液体，密度 0.6814 克 / 厘米 ^{3}，固态氨为无色立方晶体。

◆ **化学性质**

氨呈碱性，极易溶于水［1 体积水可溶解 700 体积氨（20℃）］，生成氨水；易溶于乙醇、乙醚；溶于酸生成铵盐。氨在高温下分解成氮和氢，其分解速度在很大程度上取决于与之接触的表面物质的性质，如玻璃对氨的分解不产生影响，陶瓷和沸石则有明显的加速作用，而铁、镍、锇、锌的加速作用更大。在常温下，氨的分解在 $450 \sim 500℃$ 开始；若在催化剂作用下，$300℃$ 开始分解，到 $500 \sim 600℃$ 分解接近完全，但是即使温度高达 $1000℃$，仍有痕量的氨存在。

氨易液化为液氨，是重要的无机溶剂，和水类似，液氨也能电离，但电离度很小，基本不导电。

作为碱，NH_3 对质子的亲和力强于 H_2O，故氨的碱性强于水；作为酸，NH_3 不易释放质子，所以 NH_2^- 的碱性强于 OH^-。液氨为强极性溶剂，可以溶解碱金属、碱土金属以及磷、硫、碘等非金属，也可以溶解许多无机和有机化合物。当溶解碱金属、碱土金属时，溶液呈蓝色，浓溶液为青铜色，它们的导电能力和金属相近。

氨参与的化学反应有：①氧化反应。氨具有还原性，易被氧化剂氧化。高温下氨的还原性更强，能将某些金属氧化物还原为金属单质或低氧化态。②取代反应。氨分子中有 3 个氢原子，可被某些原子或原子团取代，分别生成氨基化物（$—NH_2$）、亚胺化物（$=NH$）、氮化物（N^{3+}），如光气 $COCl_2$ 和氨反应生成尿素 $CO(NH_2)_2$，氯化汞 $HgCl_2$ 和氨反应生成氯化氨基汞 $HgNH_2Cl$ 白色沉淀。③加合反应。氨分子中有一孤对电子，可以和金属离子以配位键形式结合，生成配位化合物，如 $Ag(NH_3)_2Cl$、$[Cu(NH_3)_4]SO_4$、$[Zn(NH_3)_4]SO_4$、$[Co(NH_3)_6]Cl_3$、$Pt(NH_3)_2Cl_2$（氯氨铂）等，其中顺式 $Pt(NH_3)_2Cl_2$ 能有效地抑制癌细胞生长。

◆ 制法

合成氨主要生产工序有：①合成气（N_2 和 H_2）的制取。②合成气的净化。③合成气的压缩。④氨的合成。合成氨较适宜的温度为 450～500℃、压力 $3×10^4$ 千帕（300 大气压）左右，在催化剂存在下直接合成，所用的催化剂是用钾、铝等氧化物活化的海绵铁，是由磁铁矿还原而成。实验室制备少量氨是用铵盐与浓碱一起加热。离子型氮化物水解也可制备氨。

◆ 应用

氨是生产硝酸、尿素、氢氰酸和各种铵盐，如 $(NH_4)_2SO_4$、NH_4NO_3、$(NH_4)_3PO_4$ 等以及化肥的主要原料。氨在染料、塑料、医药方面也有重要应用。液氨汽化热（23.35 千焦 / 摩）很大，是常用的制冷剂，用于室内冰场、飞播增雨等操作中。

◆ 安全

当空气中含氨量达 14.5%～26.8%（体积）或氧气中含氨量达 13%～82%（体积）时，室温、常压下即可爆炸。液氨能冻伤皮肤，空气中氨含量过高会引起窒息，空气中允许的最大含氨量为 0.02 毫克 / 升。工业生产中，需用含有化学吸附剂的专用防毒面具。氨中毒时首先要吸入新鲜空气或氧气，深度中毒者需送医院救治。

碳酸氢铵

碳酸氢铵是碳酸氢盐，化学式 NH_4HCO_3。简称碳铵。

◆ 性质

白色正交晶系晶体；密度 1.586 克 / 厘米 ^{3}；能溶于水，不溶于乙醇；容易分解产生氨气和二氧化碳，因此有氨气味；无毒性。

◆ **制法**

碳酸氢铵的制备，是用水吸收氨气生成氨水，再在加压（4.9～10.8兆帕）下使二氧化碳与氨水反应而生成的。实际反应过程比较复杂，根据 $NH_3-CO_2-H_2O$ 体系多温相图，可知反应过程中有一些中间产物生成。

◆ **用途**

碳酸氢铵是中性氮肥，适用于各种土壤和作物，无有害物质残留在土壤中，应深施覆土作为基肥。因为碳酸氢铵在较高温度下可以分解产生气体，在食品工业中碳酸氢铵（食品级）是很好的膨松剂，用于制作饼干、糕点，在橡胶生产中作为发泡剂。在皮革工业中用作鞣革缓冲剂。在化学和医药工业中，碳酸氢铵也有广泛用途。

吲　哚

吲哚是吡咯与苯并联的杂环化合物，分子式 C_8H_7N。又称苯并吡咯。

有两种并合方式，分别称为吲哚和异吲哚。吲哚及其同系物和衍生物广泛存在于自然界中。如吲哚最初是由靛蓝降解而得；吲哚及其同系物也存在于煤焦油中；精油（如茉莉精油等）中也含有吲哚；粪便中含有 3- 甲基吲哚；许多瓮染料是吲哚的衍生物；动物的一个必需氨基酸色氨酸就是吲哚的衍生物，体内的许多吲哚衍生物是由它而来的；某些生理活性很强的天然物质，如生物碱、植物生长素等，都是吲哚的衍生物。

◆ **性质**

吲哚为片状结晶；熔点 52.3℃，沸点 254℃，相对密度 1.22（25/4℃）；具有强烈的粪臭味，高度稀释的溶液，可以作为香料使用。它是一种亚胺，具有弱碱性；杂环的双键一般不发生加成反应；在强酸的作用下，发生二聚合和三聚合反应；在特殊的条件下，能进行芳香亲电取代反应，3 位上的氢优先被取代，如用磺酰氯反应，可以得到 3- 氯吲哚。3 位上还可以发生多种反应，如形成格氏试剂；与醛缩合，发生曼尼希反应等。

◆ 制法

吲哚及其同系物可以用多种方法合成，其中以费歇尔合成法最具有普遍性。它是用酮或醛与苯肼生成芳香腙，在酸性条件下作用，发生类似联苯胺的重排反应而产生吲哚。

在这一反应中，所用的酮必须有一个一级碳原子与羰基相连，才能得到吲哚。用不同的酮或醛和取代的苯肼，就可得到苯环上或杂环上取代的吲哚。

◆ 用途

3- 羟基吲哚是制造靛蓝的原料，是最早得到的吲哚衍生物。3- 吲哚乙酸是重要的植物生长素。中药成药六神丸中的蟾酥，是含有 5- 羟基吲哚的衍生物。

许多生物碱中含有吲哚的环系。常用的降压药利血平是复杂的吲哚衍生物。毒性极强的马钱苷的结构非常复杂，也是吲哚的衍生物，它们可以作为药用，但须严格控制用量。

吡　啶

吡啶是含有一个氮杂原子的六元杂环化合物，分子式 C_5H_5N。即苯分子中的一个—CH＝被氮取代而生成的化合物，故又称氮苯。

最初由骨焦油分离出来，随后发现煤焦油、煤气、页岩油、石油中也含有吡啶及其同系物，如 2- 甲基吡啶和 2,6- 二甲基吡啶。

◆ **性质**

吡啶为无色的可燃液体，具有特殊臭味；熔点 -41.6℃，沸点 115.2℃，密度 0.9819 克 / 厘米³（20℃）；与水形成共沸物，其沸点为 92 ～ 93℃。工业上利用这个性质来纯化吡啶。吡啶具有接近正六角形的结构，与苯类似，具有相同的电子结构。

吡啶及其衍生物比苯稳定，其反应性与硝基苯类似。由于环中氮原子的吸电子作用，使 2,4,6 位上的电子密度低于 3,5 两位，典型的芳香族亲电取代反应发生在 3,5 位上，但反应性比苯低，一般不易发生硝化、卤化、磺化等反应。此外，这些取代反应都是在酸性介质中进行的，吡啶形成带正电荷的离子，使亲电试剂不易接近。2- 或 4- 卤代吡啶的卤素都具有活性。由于 2 和 6 位上的电子密度较低，在此位上可发生亲核取代反应，如与氨基钠或氢氧化钾反应，得到相应的 2- 氨基吡啶或 2- 羟基吡啶。

吡啶是一个弱的叔胺，在乙醇溶液中能与多种酸（如苦味酸或高氯酸等）形成不溶于水的盐。工业上使用的吡啶中约含 1% 的 2- 甲基吡啶，因此可以利用成盐性质上的差别，使它和它的同系物分离。吡啶还能与多种金属离子形成结晶形的络合物。

吡啶比苯容易还原，如在金属钠和乙醇的作用下，还原成六氢吡啶（或称哌啶）。吡啶与过氧化氢反应，容易被氧化成 N- 氧化吡啶。

N- 氧化吡啶是一个重要的吡啶衍生物，由于氮原子被氧化后，不能再形成带正电荷的吡啶离子，因此有利于发生芳香族亲电取代反应，取代完毕后，再将氮上氧除去，就可以得到由吡啶直接取代所不能得到的衍生物。

◆ **制法**

吡啶可以从炼焦气和焦油中提炼。将炼焦气通过硫酸，吸收其中的氨和吡啶等含氮的碱性物质，用氨气处理所产生的硫酸铵盐类的溶液，分出游离的含氮有机碱类，然后蒸馏，即得到吡啶及其烷基取代物的混合液。吡啶及其衍生物可以通过多种方法合成。其中应用最广的是汉奇吡啶合成法，这是用两分子的 β- 羰基化合物，如乙酰乙酸乙酯与一分子乙醛缩合，产物再与一分子的乙酰乙酸乙酯和氨缩合形成二氢吡啶化合物，然后用氧化剂（如亚硝酸）脱氢，再水解失羧，即得吡啶衍生物。吡啶也可用乙炔、氨和甲醇在 500℃ 通过催化剂制备。

◆ **应用**

吡啶的许多衍生物中，有些是重要的药物，有些是维生素或酶的重要组成部分。例如，吡啶 -3- 甲酸的酰胺（即烟酰胺），在辅酶Ⅰ中与腺嘌呤、核糖及磷酸形成一个重要的二核苷酸。吡啶的衍生物异烟肼是一种口服的抗结核病药。2- 甲基 -5- 乙烯基吡啶是合成橡胶的重要原料。

丙烯腈

丙烯腈是丙烯分子中甲基的 3 个氢原子被 1 个氮原子取代生成的腈，分子式 $CH_2 = CHCN$。又称氰（基）乙烯。

◆ **性质**

无色液体；熔点 -83.5℃，沸点 77.2℃，相对密度 0.8060（20/4℃）；稍溶于水，溶于有机溶剂；蒸气可与空气形成爆炸性混合物，爆炸极限为 3.05% ～ 17.0%（体积）。丙烯腈易聚合成聚丙烯腈。

◆ **制法**

丙烯腈的早期工业制法是由氰乙醇脱水或乙炔与氰化氢加成。现采用氨化氧化法，即在硅胶作载体的含有磷、钼、铋、铈等元素的催化剂作用下，在 450 ～ 500℃ 氨存在下用空气氧化丙烯。

丙烯氨化氧化工艺的改进在于不断开发新催化剂，从而提高收率，降低副产物的生成。

◆ **用途**

丙烯腈是多种合成纤维的原料。由聚丙烯腈制成的纤维，商品名为腈纶。丙烯腈与丁二烯共聚合可制得耐油的丁腈橡胶。与丁二烯、苯乙烯的三元共聚物则是一种很好的工程塑料，简称 ABS 树脂。此外，丙烯腈也是有机合成工业的重要原料，它水解可制得丙烯酸或丙烯酰胺；醇解可制得丙烯酸酯。丙烯腈是一种非质子型极性溶剂。

丙烯腈的毒性约为氢氰酸的 1/30，不仅其蒸气有毒，而且可经皮肤吸收引起中毒。

苯乙烯

苯乙烯是芳烃，分子式 $C_6H_5CH \!=\! CH_2$。存在于苏合香脂（一种天然香料）中。无色、有特殊香气的液体；熔点 -30.7℃，沸点 145.3℃，相对密度 0.9060（20/4℃）；不溶于水，能与许多有机溶剂混溶。苯乙烯在室温下即能缓慢聚合，要加阻聚剂（如邻苯二酚）才能储存。苯乙烯除能自聚生成聚苯乙烯树脂外，还能与其他的不饱和化合物共聚，生成橡胶和树脂等多种产物。例如，丁苯橡胶是丁二烯和苯乙烯的共聚物；ABS 树脂是丙烯腈（A）、丁二烯（B）和苯乙烯（S）的共聚物；离子交换树脂的原料是苯乙烯和少量 1,4- 二（乙烯基）苯的共聚物。苯乙烯还可以起烯烃所特有的加成反应。苯乙烯在工业上由乙苯催化脱氢制得。

二甲苯

二甲苯是芳烃，分子式 C_8H_{10}。存在于煤焦油和某些石油中。有 3 种同分异构体，即邻、间和对二甲苯。二甲苯为无色液体；邻、间和对二甲苯的熔点分别为 -25.2℃、-47.9℃ 和 13.3℃，沸点分别为 144.4℃、139.1℃ 和 138.3℃；不溶于水，能与许多有机溶剂混溶。对、间和邻二甲苯催化氧化，分别生成对、间苯二甲酸和邻苯二甲酸酐；间二甲苯硝化和还原后生成 4,6- 二甲基 -1,3- 苯二胺。这些产品是生产纤维和树脂的原料。

工业上二甲苯主要由石脑油重整产物中的碳八馏分提取。工业二甲苯中含间二甲苯 50%～60%（体积），邻和对二甲苯各 20%～25%（体积）。邻二甲苯的沸点较高，可以用分馏法分离提纯；对二甲苯的熔点最高，可以用分步结晶法提纯，分出对二甲苯后的剩余物再经分馏，可得纯度为 85%～90% 的间二甲苯。

二甲苯可直接用作溶剂，或加在汽油中以提高其抗爆性能。对苯二甲酸与乙二醇聚合，可制成聚对苯二甲酸乙二酯，为涤纶纤维的原料；邻苯二甲酸酐是制造多种染料和指示剂的重要原料。

甲 苯

甲苯是芳烃，分子式 $C_6H_5CH_3$。

甲苯比苯更容易起取代反应。甲苯硝化时生成邻和对硝基甲苯，继续硝化生成 2,4,6- 三硝基甲苯（梯恩梯），它是一种重要的炸药。甲苯在加热时进行氯化反应，生成氯化苄 $C_6H_5CH_2Cl$；但在三氯化铁存在下，氯化反应在苯环上进行，生成邻和对氯甲苯。甲苯在催化剂存在下用空气氧化，生成苯甲酸 C_6H_5COOH。甲苯产量过剩的国家利用甲苯加氢去甲基反应反过来生产苯。

在工业上，甲苯从石脑油重整产物中分离或从蒸馏煤焦油所得的中油馏分中获得。甲苯可用作生产苯和许多其他化工产品的原料。还可加在汽油中以提高抗爆性，也是涂料、油墨和硝酸纤维素的溶剂。

萘

萘是工业上最重要的稠环芳烃，分子式 $C_{10}H_8$。存在于煤焦油和石油中。萘分子中的两个苯环共用两个相邻的碳原子。

◆ **物理性质**

萘为无色有光泽、具有香樟木气味的片状晶体；熔点 80.2℃，沸点 218℃，相对密度 0.9625（100/4℃）；易升华，能随水蒸气蒸馏；几乎不溶于水，易溶于苯、乙醚和热的乙醇。萘的挥发性大，又有特殊的气味，早期衣物防蛀用的"卫生球"就是用粗萘制造的。

◆ **化学性质**

萘比苯易起取代（卤代、硝化、磺化、酰化）反应，生成 α- 取代产物的速率比 β- 取代产物快，但 β- 取代产物的热力学稳定性大于 α- 取代产物，因此在萘的取代反应中一般生成 α- 和 β- 取代产物的混合物，两者的比例决定于试剂的性质、催化剂、溶剂、温度和反应时间等因素。

萘可在较低温度（60℃）下磺化，主要生成 α- 萘磺酸，在较高温度（160℃）下磺化，产物为 β- 萘磺酸。萘用硝酸和硫酸的混合酸硝化，生成 α- 硝基萘和少量 β- 硝基萘。萘在三氯化铁催化下，在氯苯溶液中氯化，生成 α- 氯萘；在四氯化碳溶液中生成 1,4 和 1,5- 二氯萘；熔化的萘氯化生成多氯萘。萘在无水三氯化铝存在下与乙酰氯起弗里德－克雷夫茨反应，生成 α- 乙酰基萘和 β- 乙酰基萘的混合物；如用二氯甲烷作溶剂，主要生成 α- 乙酰基萘。萘在不同条件下催化加氢，生成四氢化萘或十氢化萘；在不同条件下氧化，生成 1,4- 萘醌或邻苯二甲酸酐。

◆ **制法**

萘在工业上由蒸馏煤焦油所得的中油馏分或石油产品裂化所得的高沸点馏分用结晶法分离获得。萘主要用于生产邻苯二甲酸酐。曾用作驱虫剂、防蛀剂，现已禁用。还可作为橡胶加工助剂和鞣革剂的原料。萘的许多取代产物是合成染料、树脂、药物等的中间体。

◆ **安全**

萘进入人体后被缓慢吸收，通过肝脏分解成许多种具有溶血性的代谢物，易致溶血性贫血症。急救办法：口服者，饮水、催吐（昏迷时禁用）；吸入者须供以新鲜空气，必要时立即进行人工呼吸；皮肤、眼睛接触者，立即用水冲洗。

苯

苯是最简单的芳烃，分子式 C_6H_6。为有机化学工业的基本原料之一。1865 年德国化学家 F.A. 凯库勒提出了苯的环状结构式 a，沿用至今。

苯为无色有特殊气味的易燃液体，熔点 5.5℃，沸点 80.1℃，相对密度 0.8765（20/4℃）。苯在水中的溶解度很小，能与乙醚、乙醇、二硫化碳等有机溶剂混溶。能与水生成恒沸物，沸点为 69.25℃，含苯 91.2%。因此，在有水生成的反应（如酯化反应）中常加苯蒸馏，以将水带出。苯在燃烧时产生浓烟。

苯能够起取代反应、加成反应和氧化反应，生成的一系列化合物可作塑料、橡胶、纤维、染料、药物、去污剂、杀虫剂等的原料。苯用硝酸和硫酸的混合物硝化，生成硝基苯 $C_6H_5NO_2$，硝基苯还原，生成重要的染料中间体苯胺 $C_6H_5NH_2$；苯用硫酸磺化，生成苯磺酸 $C_6H_5SO_3H$，可用来合成重要的工业原料苯酚 C_6H_5OH；苯在三氯化铁存在下与氯作用，生成氯苯 C_6H_5Cl，它是重要的中间体；苯在无水三氯化铝等催化剂存在下与乙烯、丙烯或长链烯烃作用生成乙苯、异丙苯或烷基苯，乙苯是合成苯乙烯的原料，异丙苯是合成苯酚和丙酮的原料，烷基苯是合成去污剂的原料；苯催化加氢生成环己烷，它是合成耐纶的原料；苯在光照下加三分子氯，可得杀虫剂六六六，由于六六六对人畜有毒，现已禁止生产、使用。苯难于氧化，但在 450℃和氧化钒存在下可氧化成顺丁烯二酸酐，后者是合成树脂的原料。苯是橡胶、脂肪和许多树脂的良好溶剂，但由于毒性大，已逐渐被其他更安全的溶剂所取代，只在没有别的代用品时使用。苯可加在汽油中以提高其抗爆性能。

苯在工业上由炼制石油所产生的石脑油馏分经催化重整制得，或从炼焦所得焦炉气中回收。

苯蒸气有毒，急性中毒在严重的情况下能引起抽筋，甚至失去知觉；慢性中毒能损害造血功能。因此各国对于苯作为溶剂使用都已有严格控制。空气中苯蒸气的容许浓度各国有不同的规定，从每立方米几毫克到几百毫克不等。

乙 炔

乙炔是最简单的炔烃，分子式 $HC \equiv CH$。

有芳香气味的易燃气体；熔点 -81.5℃（891 毫米汞柱），沸点 -84.7℃，相对密度 0.6208（-82/4℃）。乙炔在液态和固态下或在一定压力的气态下有猛烈爆炸的危险，受热、震动、电火花等因素都可以引发爆炸。因此，乙炔不能在加压液化后储存或运输。乙炔难溶于水，易溶于丙酮，在 15℃和总压力为 15 大气压时，乙炔在丙酮中的溶解度为 237 克/升，溶液是稳定的。因此，工业上是在装满石棉等多孔物质的钢桶或钢罐中，使多孔物质吸收丙酮后将乙炔压入，以便储存和运输。

乙炔和空气的混合物在相当大的组成范围（乙炔含量 2.5%～80%）内有爆炸性。如供给适量的空气与其混合，乙炔可以安全燃烧而发白光，在没有电力的地方用作光源。乙炔燃烧时放出大量的热，用适当设计的喷嘴使乙炔在氧气中燃烧，氧炔焰的温度可达 3200℃ 左右，可以用来切割和焊接金属。

乙炔的化学性质很活泼，易起加成反应，生成多种重要的化工产品。乙炔在氯化汞存在下与氯化氢加成，生成氯乙烯。在乙酸锌存在下与乙酸加成，生成乙酸乙烯酯。在羰基镍存在下与一氧化碳和水或醇作用，生成丙烯酸或丙烯酸酯。

氯乙烯、乙酸乙烯酯、丙烯酸和丙烯酸酯都是生产高聚物的原料。乙炔在氯化铁存在下加氯，生成 1,1,2,2- 四氯乙烷（$C_2H_2Cl_4$），后者用氢氧化钙去氯化氢，生成三氯乙烯（C_2HCl_3），再经过加氯和去氯化氢，可以得到四氯乙烯（C_2Cl_4）。这些氯化物均为工业用溶剂。乙炔分子中的氢有微弱酸性，可被金属取代生成乙炔化物。例如将乙炔通入亚铜盐或银盐的氨水溶液中，立即沉淀出红棕色的乙炔亚铜（Cu_2C_2）或乙炔银（Ag_2C_2），可用于乙炔的定性检验。

工业上，乙炔可由甲烷部分地燃烧，低级烷烃在高温下热解，或碳化钙（电石）水解生产。由碳化钙制备的乙炔电石气由于含磷化氢等杂质而有恶臭。

由于乙炔化学性质十分活泼，以乙炔为原料的精细化工产品的生产发展很快，例如从乙炔合成 γ- 丁内酯、丙炔醇、甲基丁炔醇、甲基戊炔醇、丁炔二醇、二甲基己炔二醇、四氢呋喃、N- 甲基吡咯烷酮、乙烯基醚、甲基庚烯酮等中间体，进而加工成多种医药、香料、增塑剂、表面活性剂、纺织助剂及食品添加剂、胶黏剂等。

丁二烯

丁二烯是最简单的共轭二烯，分子式 $CH_2 = CH - CH = CH_2$。即 1,3- 丁二烯。

无色气体；熔点 -108.9℃，沸点 -4.6℃，相对密度 0.6211（20/4℃）；在水中的溶解度很小，易溶于常用的有机溶剂。

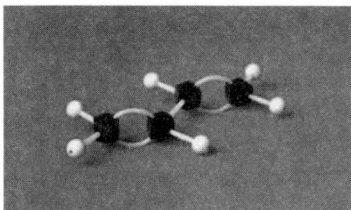

丁二烯的分子模型

丁二烯容易与卤素和卤化氢等起加成反应，它与溴反应生成的主要产物为 1,4- 二溴 -2- 丁烯。

即试剂加在共轭体系（$C = C - C = C$）的两端，同时在 2、3 碳原子间生成新的双键，这种反应称为 1,4- 加成反应，是共轭二烯的特性。丁二烯容易与顺丁烯二酸酐等不饱和化合物起加成反应，生成含六元环的化合物。丁二烯是重要的聚合物单体，能与多种化合物共聚制造各种合成橡胶，如丁苯橡胶、顺丁橡胶、丁腈橡胶、氯丁橡胶等。丁二烯（B）与苯乙烯（S）和丙烯腈（A）共聚，生成重要的塑料——ABS 树脂。

丁二烯的工业生产方法有：丁烷或丁烯（1- 丁烯和 2- 丁烯）的催化去氢；丁烯的氧化去氢；从乙烯生产中的副产物碳四馏分中提取。

丁二烯极易着火，与空气混合能形成爆炸性气体，爆炸极限 2.0% ～ 11.5%（体积）。丁二烯与氧接触能生成过氧化物，过氧化物的存在能导致严重的爆炸事故。因此，储运时必须与空气隔绝，并加入适量的阻聚剂。丁二烯对皮肤、眼睛及呼吸道有刺激作用，8 小时操作时空气中含量不允许超过 0.1%。

丁　烯

丁烯是化学式为 C_4H_8 的烯烃。有 1- 丁烯、2- 丁烯（含顺、反两种异构体）、异丁烯（又称 2- 甲基丙烯或甲基丙烯）4 种同分异构体。均为易燃、易爆、易液化的气体。主要物理常数见表。工业上主要由天然气、石油炼制加工中的碳四馏分分离获得。少数情况下通过合成法，如在钛酸酯及三乙基铝存在下，使乙烯进行二聚反应，可获得 1- 丁烯。丙烯进行歧化反应时，可生成乙烯和 2- 丁烯；用氧化铬 – 氧化铝作催化剂，由异丁烷催化脱氢可制得异丁烯。

名称	结构式	熔点 /℃	沸点 /℃	临界温度 /℃	临界压力 /MPa
1- 丁烯	$CH_3CH_2CH — CH_2$	− 185.3	− 6.3	146.4	4.02
顺 -2- 丁烯		− 138.9	− 3.7	162.5	4.20
反 -2- 丁烯		− 105.5	− 0.9	155.46	4.10
异丁烯	$(CH_3)2C — CH_2$	− 140.7	− 7.0	144.75	4.00

在许多场合，1- 丁烯和 2- 丁烯无须分离，可一起进行化学加工，生产许多重要基本有机化工产品，如水合为仲丁醇，进而生产丁酮，再氧化脱氢制丁二烯。1- 丁烯可聚合生成具有高温耐蠕变性、耐磨性及耐应力开裂性的聚 1- 丁烯；与乙烯共聚为线型低密度聚乙烯。异丁烯主要用于生产聚异丁烯以及和异戊二烯共聚生产丁基橡胶。异丁烯与异丁烷进行烷基化反应，可生产高辛烷值汽油；与甲醇反应所得甲基叔丁基醚是优良的汽油添加剂；二聚物及三聚物经加氢后是汽化器燃料的添加剂，也适用于作芳烃的烷基化原料。

乙二胺

乙二胺是最简单的二胺，分子式 $H_2NCH_2CH_2NH_2$。又称 1,2- 二氨基乙烷。

无色透明的黏稠液体，有氨的气味；熔点 11.1℃，沸点 116.9℃，相对密度 0.8995（20/20℃）；溶于水和乙醇，微溶于乙醚，不溶于苯；随蒸气挥发。乙二胺为强碱，遇酸易成盐；溶于水时生成水合物；能吸收空气中的潮气和二氧化碳，生成不挥发的碳酸盐。贮存时应隔绝空气。乙二胺可与许多无机盐形成络合物。

工业上乙二胺由 1,2- 二氯乙烷与氨在 110～150℃、10 大气压下制取。也可由 1,2- 二溴乙烷与氨反应制得。

乙二胺是重要的化工原料和试剂，广泛用于制造药物、乳化剂、农药、离子交换树脂等，也是（黏合剂）环氧树脂的固化剂，以及酪蛋白、白蛋白和虫胶等的良好溶剂。

乙二胺有腐蚀性，并能刺激皮肤和黏膜，引起过敏症；吸入高浓度乙二胺蒸气可引起气喘，严重时导致致命性中毒。

二苯醚

二苯醚是最简单的对称芳香醚，分子式 $(C_6H_5)_2O$。具有天竺葵香味的白色结晶或淡黄色液体。熔点 26.9℃，沸点 258.0℃，密度 1.0748 克 / 厘米^3（20℃）；溶于醇、酸、苯、冰醋酸，不溶于水。

工业上二苯醚主要由氯苯和苯酚钾盐在铜催化剂存在下反应制得，

反应完毕后经氢氧化钾溶液处理，分出二苯醚油层，减压蒸馏得工业用二苯醚。二苯醚可用作有机合成原料和加热介质，是有机高温载热体的主要组分之一。

乙　醚

乙醚学名二乙基醚，分子式 $C_2H_5OC_2H_5$。最重要的醚，最古老的合成有机化合物之一。无色极易挥发的易燃液体；气味特殊，易察觉；熔点 -116.2℃，沸点 34.4℃，相对密度 0.7138（20/4℃）；能与多数有机溶剂相溶，水在乙醚中的溶解度为乙醚体积的 1/50，乙醚在 12℃ 水中的溶解度为水体积的 1/10。

乙醚与 10 倍体积的氧混合成的混合气体，遇火或电火花即可发生剧烈爆炸，生成二氧化碳和水（蒸气）。乙醚长时间与氧接触和光照，可生成过氧化乙醚。

过氧化乙醚为难挥发的黏稠性液体，加热可爆炸。为了避免生成过氧化物，常在乙醚中加入抗氧剂，如二乙氨基二硫代甲酸钠。乙醚很稳定，其蒸气于 450℃ 以下不发生变化，550℃ 时开始分解。100℃ 以下，酸、碱与乙醚无作用。乙醚与三氟化硼作用，形成乙醚与三氟化硼的络合物 $(C_2H_5)_2O \cdot BF_3$，它在烃基化、酰化、聚合、失水、缩合等反应中用作催化剂。乙醚可直接氯化（冷却下），生成一氯、多氯和全氯醚。

工业上乙醚可在氧化铝催化下，于 300℃ 由乙醇失水制得。实验室中将乙醇在 130～140℃ 用硫酸脱水制得。

乙醚是重要的溶剂，可溶解多种有机物，常用作天然产物的萃取剂或反应介质。有些物质能溶于含乙醇或水的乙醚中。有些无机物在乙醚中也有一定的溶解度，例如小量的硫或磷，但溴、碘、氯化铁、氯化金在乙醚中有较大的溶解度。乙醚是首次试用成功的外科麻醉剂。

甲 酚

甲酚是苯酚芳环上的一个氢被甲基取代而生成的化合物，分子式 $CH_3C_6H_4OH$。

甲酚共有 3 种同分异构体，它们都可从煤焦油中分离得到，有类似苯酚的气味，长时间光照可由无色变成棕黑色。

邻甲（苯）酚为无色晶体；熔点 31.0℃，沸点 191℃，相对密度 1.0273（20/4℃）；溶于醇、醚、氯仿。间甲（苯）酚为无色液体；熔点 12.2℃，沸点 202.2℃，相对密度 1.0339（20/4℃）；溶于醇、醚、丙酮和苯等。对甲（苯）酚为无色棱柱晶体；熔点 34.8℃，沸点 201.9℃，相对密度 1.0178（20/4℃）；溶于醇、醚、丙酮、苯和碱溶液；可水汽蒸馏。

邻甲酚在稀硫酸溶液中与溴化钾和二氧化锰一起加热，生成三溴甲苯醌。在铁存在下间甲酚于氯仿溶液中与氯反应，生成三氯甲苯醌，但于同样条件下与溴反应，则生成三溴甲酚。间甲酚在五氧化二磷或硫酸作用下，与乙酰乙酸乙酯反应，生成 4,7- 二甲基香豆素。对甲酚和氯仿一起加热至 100℃ 时，生成原甲酸对甲酚酯。这是一个具有游离羟基并且稳定的原甲酸的例子。

甲酚的 3 个异构体在铂催化下，在酸性阿拉伯胶水溶液中氢化，反应温度在 70℃ 时，都生成顺式甲基环己醇；而在冷的中性溶液中氢化，则皆生成反式甲基环己醇。氢化时加热，生成相应的环己酮，产率约 80%。

甲酚大量用作工业原料，例如邻甲酚用于制染料、农药、杀虫剂等，间甲酚的硝化产物三硝基甲酚是炸药，由对甲酚制成的乙酸对甲酚酯可用于配制香料。

煤焦油的 188 ～ 202℃ 的馏分中约含 90% ～ 95% 的甲酚异构体的混合物，通常在此混合液中加入肥皂水乳化，即成消毒剂来苏水。

苯　酚

苯酚是苯环上的一个氢原子为羟基取代而生成的一元酚，分子式 C_6H_5OH。简称酚。

因从煤焦油中发现，故又称石炭酸。无色固体，有刺鼻性气味；熔点 40.9℃，沸点 181.8℃，相对密度 1.0576（20/4℃）；含少量水时室温即为液体，经光照容易变为粉红直至深棕色。易溶于乙醇、乙醚、氯仿、甘油、二硫化碳等。有弱酸性，电离常数 pK_a 约为 9.94。苯酚与氢氧化钠水溶液作用生成酚盐。水溶液与三氯化铁作用呈紫色。与醛类缩合生成酚醛树脂，硝化生成苦味酸，用二氧化碳羧基化生成水杨酸。

异丙苯法生产苯酚、丙酮装置

工业上主要由异丙苯制得，

将异丙苯氧化成过氧化氢异丙苯，然后在酸性介质中分解成苯酚和丙酮。苯酚主要用于制造酚醛树脂、双酚 A 及己内酰胺。由苯酚生产的卤代酚（从一氯苯酚到五氯苯酚）可用于生产 2,4- 二氯苯氧乙酸和 2,4,5-三氯苯氧乙酸等除草剂；五氯苯酚是木材防腐剂；其他卤代酚衍生物可作为杀螨剂、皮革防腐剂和杀菌剂。由苯酚制得的烷基苯酚是制备烷基酚 - 甲醛类聚合物的单体，并可作为抗氧剂、非离子表面活性剂、增塑剂、石油产品添加剂。苯酚也是很多医药（如阿司匹林及磺胺药等）、合成香料、染料的原料。苯酚的稀水溶液可直接用作防腐剂和消毒剂。苯酚有毒，要防止触及皮肤。

丁 醇

丁醇是醇同系列中能产生两个以上同分异构体的最低级的醇，分子式 C_4H_9OH。

丁醇包括正丁醇、仲丁醇、叔丁醇、异丁醇 4 种异构体。仲丁醇分子中含有 1 个不对称碳原子，可形成一对对映体。

丁醇的化学性质与乙醇类似，例如成盐、失水成烯烃、成酯、氧化成醛或酮等。叔丁醇钾 $(CH_3)_3COK$ 是碱性较强的物质，吸水性很强，一般须在干燥箱内保存和使用。

丁醇的各同分异构体均可用化学方法合成，可通过格氏试剂、醛、酮、酸、酯的还原，烯烃的加成和卤代烃的水解等反应制得。此外，含淀粉或糖的物质可经发酵生成正丁醇和异丁醇。

正丁醇是多种涂料的溶剂和制备增塑剂邻苯二甲酸二丁酯的原料，

也用于制备各种酸的正丁酯和作为有机合成的中间体。仲丁醇主要用于制备丁酮，可作为制造增塑剂和表面活性剂的原料，还可代替正丁醇作为溶剂，或作为浮选剂、抗氧化剂使用。叔丁醇在有机合成中，是用途广泛的试剂，可作为涂料及医药的溶剂，还可作为内燃机燃料的添加剂（防止化油器结冰）及防爆剂，是生产叔丁基化合物的烷基化原料。异丁醇主要用于制造乙酸异丁酯、增塑剂，或作为溶剂及有机合成原料。

各丁醇异构体的毒性都比乙醇高，对黏膜、皮肤有刺激性，正丁醇还会引起接触性皮炎，大量吸入时，会发生头痛、头晕甚至昏迷。

乙　醇

乙醇是最常见的醇，分子式 CH_3CH_2OH。又称酒精。

远在上古时代人们已将含淀粉物质发酵制酒。12 世纪在蒸馏葡萄酒时，第一次从酒中分离出酒精。20 世纪 30 年代以前，发酵法是乙醇的唯一工业生产方法。

乙醇为透明的可燃液体；具有醇香，味辣；吸水性很强；熔点 -114.14℃，沸点 78.24℃，相对密度 0.7893（20/4℃）。其蒸气与空气能形成爆炸混合物（3.8%～18% 体积）。

乙醇在硫酸作用下，于 140℃ 左右发生分子间的失水，生成乙醚；反应温度达 160℃ 时，主要进行分子内的失水，产生乙烯。上述反应在氧化铝的存在下，于气相中也可进行，在 240℃ 生成醚，360℃ 生成烯。

乙醇在碱溶液中与氯、溴或碘反应，生成相应的卤仿 CHX_3。无碱存在时，碘与乙醇反应极慢；氯与乙醇反应，先生成乙醛，而后生成三氯乙醛。反应液中有水时，则以三氯乙醛水合物的形式存在。乙醇与羧酸作用生成酯。

乙醇的最古老制法是用淀粉、糖或其他含碳水化合物的物质进行发酵制成。发酵液中乙醇含量为 6% ～ 10%，并含有乙醛、高级醇、酯类和酸类等杂质，经精馏得浓度 95.57% 的乙醇，并副产杂醇油。用发酵法制得的酒有芬芳的醇香，饮用酒的制造仍用此法。大量的乙醇是以乙炔、乙烯、乙烷作原料合成的，比较经济。无论是用发酵法或乙烯水合法制得的乙醇，通常都是乙醇和水的共沸物，要得到无水乙醇需进一步除水。

制药、染料、香料等工业及实验室中，常用乙醇作溶剂或试剂。乙醇在医疗中用作消毒剂、杀菌剂（70% 的乙醇）。乙醇也是重要的化工原料，用于合成乙醛、乙醚、醋酸乙酯等。乙醇还可作为汽车燃料或掺到汽油（10% 以下）中以节约汽油。各种饮料酒中均含有一定量乙醇，饮服过量会引起中毒。

甲　醇

甲醇是最简单的醇，分子式 CH_3OH。最早从干馏木材的蒸出液中分离得到，故又称木醇或木精。

1661 年，英国 R. 玻意耳首先发现。1857 年，法国 M. 贝特洛用一氯甲烷水解制得甲醇。甲醇绝大多数是以酯或醚的形式存在于自然界中，只有某些树叶或果实内含有少量的游离甲醇。

甲醇为可燃的无色有毒液体；熔点 -97.5℃，沸点 64.5℃，相对密度 0.7914（20/4℃）；纯产品略带乙醇的气味，粗产品刺鼻难闻；溶于水、乙醇、乙醚、丙酮、苯和其他有机溶剂，与饱和烃较少相溶；与水不能形成共沸物。

甲醇与硫酸、碳酸容易发生酯化反应，在 0℃ 时，与盐酸难发生反应；在 160℃ 和在硫酸、偏磷酸或三氧化二硼的作用下，甲醇可失水生成甲醚（CH_3OCH_3）。甲醇蒸气通过氧化铝、氧化钍也可失水生成醚（反应温度分别为 200℃ 和 400℃）。

工业上甲醇由合成气（一氧化碳和氢）制得。

甲醇主要用于生产甲醛或作溶剂，还可用于生产丙烯酸甲酯、甲基丙烯酸甲酯、对苯二甲酸二甲酯、甲胺、甲烷氯化物、醋酸、醋酐、甲酸甲酯、碳酸二甲酯等，甲醇也是生产敌百虫、甲基对硫磷、多菌灵等农药的原料。甲醇还是优良的能源和车用燃料、清洁燃料，或经催化作用转化成汽油，或与汽油混合直接用作车用燃料，专为此而生产的甲醇称为燃料甲醇。

甲醇毒性很强，对人体的神经系统和血液系统影响最大。从消化道、呼吸道或经皮肤摄入甲醇都会产生毒性反应。急性反应表现为头疼、疲倦、恶心、视力减弱或永久性失明、循环性虚脱、呼吸困难、死亡；慢性反应是视力减退。

氯乙烯

氯乙烯是乙烯分子中一个氢原子被氯取代而生成的卤代烃，分子式 $CH_2 = CHCl$。

无色易液化的气体；具有醚类气味；熔点 -153.8℃，沸点 -13.8℃，相对密度 0.9106（20/4℃）；难溶于水，可溶于乙醇、乙醚、丙酮等；与空气形成爆炸性混合物，爆炸极限 3.65% ～ 26.4%（体积）。

氯乙烯中氯原子的孤电子对与双键的 π 电子形成 p-π 共轭，氯原子很不活泼，难以发生取代反应。但在四氢呋喃中，它可以与镁形成格氏试剂。

氯乙烯可与许多亲电试剂发生加成反应。在引发剂的存在下，可进行自由基聚合反应，生成聚氯乙烯。也可与丁二烯、丙烯腈、甲基丙烯酸甲酯等烯烃共聚合。

工业上生产氯乙烯的方法很多，大致分为乙炔法和乙烯法两种。乙炔法是将乙炔和氯化氢混合气体在 120 ～ 180℃ 下通过氯化汞催化而制得。

此法流程简单，转化率较高。但乙炔若由电石（碳化钙）制得时，耗电量较大，不够经济，并产生大量废渣，有汞化合物的污染。乙烯法是由乙烯加氯制得 1,2- 二氯乙烷后，再于高温脱去一分子氯化氢，产生氯乙烯。

上述两种方法可结合使用，以充分利用乙烯法的副产物氯化氢。还有一种氧氯化法，即将氯化氢和氧在氯化铜催化下与乙烯作用，制得 1,2- 二氯乙烷，再经高温裂解制得氯乙烯。1960 年以来，此法得到了迅速的发展。

氯乙烯是高分子工业的重要基本原料之一，主要用于生产聚氯乙烯，并能与乙酸乙烯酯、丙烯腈、丙烯酸酯、偏二氯乙烯（1,1- 二氯乙烯）

等共聚，制得具有各种性能的树脂。也用作制冷剂等。氯乙烯是一种致癌物质，生产和使用氯乙烯时，应在良好的通风条件下进行。

三氯乙烷

三氯乙烷是乙烷分子中的三个氢原子被氯取代而生成的卤代烃，分子式 CH_3CCl_3。学名 1,1,1- 三氯乙烷。又称甲基氯仿。无色易挥发液体；熔点 -30℃，沸点 74.0℃，相对密度 1.3390（20/4℃）；不溶于水，溶于乙醇、乙醚等；难燃。工业上主要由 1,1- 二氯乙烷与氯气在光照下氯化，或由 1,1- 二氯乙烯与氯化氢在三氯化铁催化下加成制得。可用作有机溶剂、金属和塑模洁净剂等。毒性与三氯甲烷相似，对眼睛有刺激性，有麻醉作用。使用时，工作场所应保持良好的通风。

四氯化碳

四氯化碳是甲烷分子中 4 个氢原子被氯取代而生成的卤代烃，分子式 CCl_4。又称四氯甲烷。无色液体；有令人愉快的气味，能起麻醉作用，有毒。熔点 -22.8℃，沸点 76.7℃，相对密度 1.5940（20/4℃）。几乎不溶于水，可溶于乙醇、乙醚和氯仿。能溶解脂肪、油、树脂及某些油漆。四氯化碳分子呈正四面体结构，是非极性分子。具有化学惰性，在一般情况下不助燃，与酸和强碱不起作用。对某些金属（如铝、铁）有明显的腐蚀作用，在这些金属存在时，四氯化碳会在常温下逐渐被水分解。

在加热下，四氯化碳与氟化银、溴化铝或碘化铝反应，分别生成四氟化碳、四溴化碳或四碘化碳。在微量氯化氢存在下，四氯化碳与高氯酸银 $AgClO_4$ 作用，产生爆炸性化合物 Cl_3CClO_4。四氯化碳与过热水蒸气作用，产生光气 $COCl_2$。四氯化碳可由氯气与二硫化碳在硫化亚铁或三氯化铁等催化剂存在下加热反应制取。

四氯化碳曾用作灭火剂，但已停用，也很少用作萃取剂。因四氯化碳能加速臭氧层的分解，其用途被严格限制。

二氯甲烷

二氯甲烷是甲烷分子中两个氢原子被氯取代而生成的卤代烃，分子式 CH_2Cl_2。无色易挥发液体；熔点 -95℃，沸点 39.8℃，相对密度 1.3266（20/4℃）；微溶于水，溶于乙醇、乙醚等；难燃烧；蒸气与空气形成爆炸性混合物，爆炸极限 6.2% ～ 15.0%（体积）。

二氯甲烷与氢氧化钠作用可生成甲醛。二氯甲烷的工业生产系利用天然气与氯气反应，然后精馏得到纯品。二氯甲烷是优良的有机溶剂，常用来代替易燃的石油醚、乙醚等，并可用作牙科局部麻醉剂、制冷剂和灭火剂等。它对皮肤和黏膜的刺激性比三氯甲烷等稍强，使用高浓度二氯甲烷时应注意。

丙　酮

丙酮是饱和脂肪酮系列中最简单的酮，分子式 CH_3COCH_3。游离状态存在于自然界中。在植物界主要存在于精油中，如茶油、松脂精油、柑橘精油等；人尿和血液及动物尿和海洋动物的组织和体液中都含有少量的丙酮。糖尿病患者的尿中丙酮的含量异常地增多。

丙酮为无色易燃液体，有特殊气味；熔点 -94.9℃，沸点 58.1℃，相对密度 0.7899（20/4℃）；能溶于水、醇、醚及其他有机溶剂。丙酮蒸气与空气混合可形成爆炸性混合物。

丙酮的化学反应主要是羰基与多种亲核试剂的加成反应，以及 α- 氢的反应。羰基的加成反应有催化氢化成异丙醇，还原成频哪醇，与氨衍生物、氢氰酸、炔化物、有机金属化合物的反应等。α- 氢的反应有与卤素发生取代反应，以及自身或与其他化合物发生类似羟醛缩合的反应等。

1914 年以前用干馏木材或乙酸钙的方法来制取丙酮。后来有乙醇热裂、空气氧化异丙醇或异丙醇脱氢等方法。采用氯化钯 - 氯化铜 - 盐酸催化剂，在 110 ~ 120℃ 和约 1 兆帕下在液相中用空气（氧气）将丙烯直接氧化成丙酮。也可用淀粉发酵法制丙酮。

丙酮可用作人造纤维、有机玻璃、油漆、化妆品等的原料。丙酮是很好的溶剂，可溶解许多有机产物和树脂、醋酸纤维、乙炔等，也是制造硝化棉的溶剂。高锰酸钾、碘化钾等无机物在丙酮中也有一定的溶解度。在用高锰酸钾氧化不溶于水的物质时，用丙酮作溶剂可使反应在均相中进行。

三氯乙醛

三氯乙醛是乙醛分子中甲基的三个氢原子被氯取代生成的化合物，分子式 CCl_3CHO。无色油状液体，有刺激性气味；熔点 -57.5℃，沸点

98℃，相对密度 1.512（20/4℃）；能溶于水、乙醇、乙醚。三氯乙醛溶于水生成稳定的水合氯醛 $CCl_3CH(OH)_2$；与醇作用生成稳定的半缩醛 $CCl_3CH(OH)OR$ 和缩醛 $CCl_3CH(OR)OR'$；三氯乙醛经较长时间的储存会聚合成不溶的固体，此聚合物于碳酸钠溶液中在 180 ～ 185℃蒸馏，可重新得到三氯乙醛。

水合氯醛是三氯乙醛的水合物，分子式 $CCl_3CH(OH)_2$，1832 年由德国化学家 J.von 李比希首次合成。无色透明单斜菱晶，有辛辣气味；熔点 52℃，沸点 96℃（分解），相对密度 1.9081（20/4℃）；在水中溶解度为 660 克 /100 毫升，在乙醚和乙醇中的溶解度较水中小；沸腾时分解成三氯乙醛和水。水合氯醛若用浓硫酸处理，则脱水分解成三氯乙醛。它与氢氧化钠溶液共热，则分解为氯仿，此反应可用于水合氯醛含量的测定。水合氯醛的一种合成方法是由氯和乙醇在酸性溶液中反应生成三氯乙醛，溶于水即成水合氯醛。从历史上看，其主要用作一种治疗精神病药物，在缓解焦虑的作用比吗啡的效果更好，注射后很快就能起作用，并且具有持续的强度。1904 年巴比妥发现后，水合氯醛逐渐不再使用。水合氯醛也有麻醉和镇静作用，曾用作催眠和麻醉药，现已废除不用。

工业上用氯气与乙醇作用生产三氯乙醛。三氯乙醛是生产滴滴涕的原料。适量的三氯乙醛对人有镇静和催眠作用（临床上用水合氯醛）；用量大时，先是引起兴奋，随后产生深度麻醉，同时麻痹、抑制中枢神经，导致死亡。三氯乙醛对农作物有害。

丙烯醛

丙烯醛是最简单的不饱和脂肪醛，分子式 $CH_2 = CHCHO$。

1938 年 R. 布兰德斯首次分离得到。第一次世界大战时曾被用作毒气。无色、有呛人气味的催泪性有毒液体；熔点 -87.8℃，沸点 52.3℃，相对密度 0.840（20/4℃）。遇氧或在光照下，易发生自动氧化和聚合反应，存放时应加入少量对苯二酚，以防止上述反应进行。丙烯醛氢化生成丙醛。随催化剂和反应温度的不同，产物也不相同。如在镍催化下于 160℃ 氢化，生成丙醛；而于 90～110℃，则生成丙醇；在锌-铜催化剂作用下，生成对称双乙烯基乙二醇，即 1,5-己二烯-3,4-二醇。该反应可用来制备单纯或混合乙二醇衍生物。

工业上用催化氧化丙烯的方法生产丙烯醛。实验室中可用硫酸镁或钾作脱水剂，与甘油一起加热，使它失去两分子水制得。

丙烯醛在双烯合成中可作为亲双烯试剂。丙烯醛是重要的有机合成中间体，可用于制造蛋氨酸，作为畜禽的饲料添加剂。丙烯醛经还原生成的烯丙醇可用作生产甘油的原料。烯丙醇经氧化成丙烯酸，可进一步制丙烯酸酯，后者用作丙烯酸酯涂料。此外，丙烯醛的二聚体可用于制二醛类化合物，广泛用作造纸、鞣革和纺织助剂。

乙 醛

乙醛的分子式 $CH_3CH = O$。无色、易挥发、有刺激性气味的液体；熔点 -123.4℃，沸点 20.8℃，相对密度 0.7834（18/4℃）；可溶于水，也溶于乙醇、醚、丙酮和苯。其蒸气易燃，可与空气形成爆炸混合物（4%～60% 体积）。在空气中易氧化，储存和运输中需充氮。

乙醛的沸点低，容易被氧化，通常把它制成环状的三聚乙醛保存。三聚乙醛在硫酸的作用下即解聚成乙醛，乙醛可不断地蒸出。

乙醛在工业上主要是由乙炔在高汞盐的催化作用下水合而得。新的生产方法是将乙烯在氯化铜－氯化钯的催化作用下用空气直接氧化制备，又称瓦克法，是第一个采用均相配位催化剂实现工业化的过程。

乙醛的主要用途是生产乙酸、乙酸乙酯和乙酸酐，以及季戊四醇、巴豆醛、巴豆酸和水合氯醛等。

甲 醛

甲醛是最简单的醛，分子式 CH_2O。1859 年由 A.M. 布特列洛夫发现。常温下为无色气体，能燃烧；熔点 -92℃，沸点 -19.1℃，相对密度 0.815（20/4℃）；有强刺激性气味；在水中的溶解度很大。

稀甲醛水溶液中的甲醛几乎全部转化成其水合物甲二醇 $CH_2(OH)_2$。较浓的甲醛水溶液经较长时间的放置或使之慢慢蒸发，则聚合成无色固态的多聚甲醛 $(CH_2O)_n$，$n=6～50$。如果将含 2% 硫酸的 60% 的甲醛溶液进行蒸馏，则甲醛发生三聚反应，成为三聚甲醛。三聚甲醛在酸性条件下能进行解聚。多聚甲醛则只在加热时才能解聚。因此多聚甲醛可以作为单体甲醛的储存形式。

甲醛的化学性质非常活泼，具有很强的化学还原性。甲醛还能与含亲核基团的试剂进行加成缩合反应，例如与乙醛生成季戊四醇、与氨生成六亚甲基四胺、与苯酚生成酚醛树脂。

　　甲醛在工业上通常是用甲醇在银催化剂的存在下进行空气氧化或催化脱氢制得；也可由甲烷或天然气的丙烷－丁烷混合气在各种金属氧化物催化剂存在下进行空气氧化制得。

　　甲醛有很重要的工业用途，大部分用于制造合成树脂，还用于制造药物、炸药、染料、香料。市售的福尔马林是 40% 甲醛的水溶液，用作消毒剂、防腐剂、杀菌剂。多聚甲醛可作多种重要的工业原料。甲醛对人的眼、鼻、黏膜有刺激性。长期接触甲醛可引发呼吸功能障碍和肝中毒性病变。

硝基苯

　　硝基苯是苯分子中一个氢原子被硝基取代而生成的硝基化合物，分子式 $C_6H_5NO_2$。1834 年，德国化学家 E. 米切利希首先用苯硝化法合成硝基苯。硝基苯为淡黄色的油状液体，有像杏仁油的特殊气味；熔点 5.7℃，沸点 210.7℃，相对密度 1.2037（20/4℃）；微溶于水，溶于乙醇、乙醚、苯等。

　　硝基是强钝化基，硝基苯须在较强的条件下才发生亲电取代反应，生成间位产物，但不能进行弗里德－克雷夫茨反应，在后一反应中，常用它作溶剂。硝基苯有弱氧化作用，可用作氧化脱氢的氧化剂。

　　硝基苯常用硝酸和硫酸的混合酸与苯在 50℃ 反应制取。反应中，硫酸与硝酸作用后产生硝基正离子，然后与苯进行亲电取代反应生成硝基苯。硝基苯的主要用途是还原制取苯胺、联苯胺、偶氮苯等。

硝基苯毒性较强，应避免溅到眼中或皮肤上。吸入大量蒸气或皮肤大量沾染，可引起急性中毒，重者导致死亡，少量时造成慢性中毒，使血红蛋白氧化或络合，血液变为深棕褐色，并引起头痛、恶心、呕吐等病症。

甲　酸

甲酸是最简单的羧酸，分子式 HCOOH。又称蚁酸，因最早由蒸馏赤蚁获得，故得名。

自然界分布很广，并常以游离状态存在，如在赤蚁、蜂、毛虫的分泌物中；某些植物如荨麻、蝎子草、松针和一些果实（如绿葡萄），以及人体的肌肉、皮肤、血液和排泄物中都含有甲酸。

有刺激臭味的无色液体，有很强的腐蚀性，能刺激皮肤起泡；熔点 8.3℃，沸点 101℃，相对密度 1.220（20/4℃）；能与水、醇、醚混溶。甲酸的性质与其他羧酸有所不同，甲酸的羧基直接与氢原子相连，既可看成是一种羧酸，又可看成是一种羟基醛，它同时具有羧酸和醛的某些性质。例如，甲酸具有酸性，而且比同系列中其他酸的酸性都强，能生成盐和酯，体现了羧基的性质；另一方面，它与醛类似，具有还原性，例如能使硝酸银的氨水溶液（称为土伦试剂）还原成金属银，能使高锰酸钾褪色，这些反应也可作为检验甲酸的方法。甲酸不很稳定，较易脱羧，加热至 160℃ 即分解成二氧化碳和氢气。甲酸与浓硫酸共热，则分解成一氧化碳和水。实验室里常用此法来制备少量高纯度的一氧化碳。

甲酸的工业制法是用粉状的氢氧化钠与一氧化碳在 120 ～ 130℃ 和

6～8大气压下反应，首先生成甲酸钠，然后将干燥的甲酸钠加到浓硫酸和甲酸的混合液中，再经减压蒸馏，即得无水甲酸。实验室制法是将草酸和甘油于110℃共热，先生成草酸的一元甘油酯，再失去二氧化碳而生成甲酸的一元甘油酯，最后水解成甘油和甲酸，经蒸馏得最高含量为77%的甲酸水溶液，即甲酸与水的共沸物。

甲酸是常用的消毒剂和防腐剂，还可用于制药和有机合成。甲酸可直接用于织物加工、鞣革、纺织品印染和青饲料的储存，也可用作金属表面处理剂、橡胶助剂和工业溶剂。

酪　酸

酪酸即丁酸。分子中含有 4 个碳原子的饱和羧酸，分子式 $CH_3(CH_2)_2COOH$。因其甘油酯存在于奶油中而得名。

二甲基甲酰胺

二甲基甲酰胺是甲酰胺氮原子上的两个氢原子都被甲基取代后所得的产物。N,N- 二甲基甲酰胺（DMF）的简称。

无色透明液体，沸点152.8℃，熔点 -61℃，遇明火、高热可引燃爆炸，能与浓硫酸、发烟硝酸剧烈反应甚至发生爆炸；是极性惰性溶剂，能与水及多数有机溶剂任意混合。工业生产二甲基甲酰胺始于 1899 年，由甲酸与二甲胺反应合成二甲基甲酰胺。二甲基甲酰胺主要生产方法是一步合成法和甲酸甲酯法。①一步合成法，将二甲胺与一氧化碳在甲醇钠催化剂作用下加压直接合成二甲基甲酰胺粗品，粗品经精馏制得二甲基甲酰胺成品。该法易于建设大型装置，生产成本低，产品竞争力较强，是国外生产二甲基甲酰胺的主要方法。②甲酸甲酯法，先由甲醇生产甲酸甲酯，再与二甲胺气相反应生成二甲基甲酰胺和甲醇粗品，粗品经蒸馏回收甲醇后再经减压精馏得到成品。中国有多套采用该方法的二甲基甲酰胺生产装置。此外，还有使用其他原料如一甲胺和三甲胺代替二甲胺进行羰基化生产二甲基甲酰胺的方法，其反应可看成一甲胺和三甲胺的转化反应与二甲胺的羰基化反应的合并。

二甲基甲酰胺用于聚丙烯腈纤维等合成纤维的湿纺丝、聚氨酯、聚丙烯腈、聚氯乙烯的溶剂。在石油化学工业中，可作为气体吸收剂，用来分离和精制气体；还可用于芳烃抽提以及用于从碳四馏分中分离回收丁二烯和从碳五馏分中分离回收异戊二烯。医药工业方面用于合成磺胺嘧啶、多西环素、可的松、维生素 B_6 等，农药工业方面用来合成高效低毒杀虫脒。

二甲胺

二甲胺是氨中的两个氢原子被甲基取代后形成的衍生物。又称 N-甲基甲胺。有类似于氨的臭味，相对密度 0.680（0℃），熔点 -96℃，沸点 6.9℃。易溶于水，溶于乙醇和乙醚。有弱碱性，与无机酸生成易溶于水的盐类。主要用作橡胶硫化促进剂、皮革去毛剂、医药、农药、纺织工业溶剂、燃料、炸药、推进剂及二甲肼、N,N- 二甲基甲酰胺等有机中间体原料，其中生产 N,N- 二甲基甲酰胺占二甲胺总消耗量的 44.7%，农药生产占 38.9%，医药等生产占 16.4%。二甲胺是农药的重要中间体，可以制备杀菌剂福美双、福美甲胂、福美锌、福美镍、福美砷、退菌特、二甲嘧酚；杀虫剂抗蚜威、杀虫双、杀虫单、杀螟丹、螟蛉畏；除草剂绿麦隆、异丙隆、环嗪酮、氟草隆等。

二甲胺对眼和呼吸道有强烈的刺激作用。皮肤接触液态二甲胺可引起坏死，眼睛接触可引起角膜损伤、混浊。二甲胺生产有平衡型与非平衡型两种工艺。在平衡型生产工艺中，厂家根据市场对二甲胺的需求，通过一甲胺和三甲胺返料与产出量的调整，可实现二甲胺生产的盈利最大化。

酮　体

酮体是由脂肪酸在肝脏经 β- 氧化产生的乙酰辅酶 A 转变生成的产物。包括乙酰乙酸（30%）、β- 羟丁酸（70%）和丙酮（微量）。

脂肪酸在肝内 β- 氧化产生的大量乙酰辅酶 A（乙酰 CoA），部分被转变成酮体，但不能被肝细胞利用，因为肝组织缺乏利用酮体的酶系。酮体分子小，溶于水，能在血液中运输，还能通过血脑屏障、组织的毛细血管壁，很容易被运输到肝外组织，重新裂解成乙酰 CoA，通过三羧酸循环彻底氧化利用。心肌和肾皮质利用酮体的能力大于利用葡萄糖的能力。脑组织虽然不能氧化分解脂肪酸，却能有效利用酮体。当葡萄糖供应充足时，脑组织优先利用葡萄糖氧化供能；但在葡萄糖供应不足或利用障碍时，酮体是脑组织的主要能源物质。

正常情况下，血液中仅含少量酮体，为 0.03 ～ 0.5 毫摩 / 升（0.3 ～ 5 毫克 / 分升）。在饥饿或糖尿病时，由于脂肪动员加强，酮体生成增加。严重糖尿病患者血中酮体含量可高出正常人数十倍，导致酮症酸中毒。

血酮体超过肾阈值便可随尿排出，引起酮尿。此时，血丙酮含量也大大增加，通过呼吸道排出，产生特殊的"烂苹果气味"。

羧　酸

羧酸是含有羧基—COOH 的化合物，通式 R—COOH（R 可以是链烃基、环烃基或芳烃基及其衍生基团，R 是氢时为甲酸）。

羧酸广泛存在于自然界。根据与羧基相连的烃基不同，可分为脂肪酸、芳香酸、饱和酸和不饱和酸等。根据分子中羧基数目不同，又可分为一元羧酸、二元羧酸和多元羧酸。

◆ 命名

早期发现的羧酸通常根据来源命名。例如，脂肪酸由于是脂肪水解的产物而得名。甲酸最初是由蒸馏赤蚁制得，称为蚁酸。乙酸最初由食醋中得到，称为醋酸。丁酸具有典型酸败奶油气味，称为酪酸。己酸、辛酸、癸酸又分别称为羊油酸、羊脂酸、羊蜡酸，因为它们都存在于山羊的脂肪中。苯甲酸存在于安息香胶中，称为安息香酸。各种羧酸的命名方法有以下几种。

简单的羧酸

按普通命名法命名。选含有羧基的最长碳链为主链，取代基的位置从羧基相邻的碳原子开始，用希腊字母 α、β、γ、δ 等依次标明。

芳香酸

羧基与苯环直接相连时，当作苯甲酸的衍生物来命名，如苯甲酸、邻苯二甲酸、对苯二甲酸、对氨基苯甲酸。

复杂的羧酸

按国际命名法命名。选含有羧基的最长碳链为主链，从羧基碳原子开始编号，再加取代基的名称和位置。

脂肪族二元羧酸

取分子中含有两个羧基的最长碳链作为主链，加取代基的名称和位置来命名。

◆ 物理性质

低级脂肪酸 C1 ～ C3 是液体，可溶于水，具有刺鼻的气味。中级脂肪酸 C4 ～ C10 也是液体，部分溶于水，具有难闻的气味。高级脂肪酸是蜡状固体，无味，不溶于水。

二元脂肪酸和芳香酸都是结晶固体。芳香酸在水中溶解度较小，可从水中重结晶。饱和二元羧酸除高级同系物外，都易溶于水和乙醇。

一些常见羧酸的物理常数见表。

名称	熔点 /℃	沸点 /℃	相对密度（20/4℃）
甲酸	8.3	101	1.220
乙酸	17	117.9	1.0492
丙酸（初油酸）	−20.5	141.5	0.9930
丁酸	−5.1	163.7	0.9577
异戊酸	−29.6	176.5	0.931
戊酸（缬草酸）	−33.6	186.1	0.9391
己酸	−4.1	204.9	0.9274
苯甲酸	122.3	250.2	1.2659^{15}_{4}
水杨酸（邻羟基苯甲酸）	158.6	211（20mmHg，分解）	1.443

名称	熔点 /℃	沸点 /℃	相对密度（20/4℃）
对氨基苯甲酸	188.2	—	1.374
草酸	α：189.5β：182（无水）	157（分解）	α：1.900^{17}_{4}：β：1.895
丙二酸	135	140（分解）	1.61910
丁二酸	185	234（分解）	1.572^{25}_{4}
己二酸	151.5	337.5	1.360^{25}_{4}
癸二酸	131	375	1.2705
邻苯二甲酸	207	分解	1.593
对苯二甲酸	—	> 300（升华）	1.51925
间苯二甲酸	348	升华	1.53825

注：数据的上角表示测定相对密度时羧酸的温度，下角表示水的温度；如只有上角，表示在此温度下该羧酸的密度

羧酸的沸点比分子量相近的醇的沸点高。这是由于羧酸分子是由两个氢键缔合起来的。直链饱和一元羧酸和二元羧酸的熔点随碳原子数目增加而呈锯齿状上升。含偶数碳原子羧酸的熔点高于邻近两个含奇数碳原子的羧酸。

◆ **化学性质**

羧酸最显著的性质是酸性。在水溶液中，羧酸与羧酸根和氢离子之间存在着平衡。羧酸的酸性是由于羰基的 π 键与羟基氧原子上的未共用电子对发生共轭作用，使羟基氧原子上的电子云向羰基移动。

有利于氢以质子形式离解。羧酸是一种弱酸，但其酸性比碳酸强。羧酸能与金属氧化物或金属氢氧化物形成盐。羧酸的碱金属盐在水中的溶解度比相应羧酸大，低级和中级脂肪酸碱金属盐能溶于水，高级脂肪

酸碱金属盐在水中能形成胶体溶液，肥皂就是长链脂肪酸钠。

羧酸与醇反应生成酯，称为酯化反应，它是羧酸的重要化学反应。许多羧酸酯都具有重要的工业用途。酯化反应也可看成是羧基中的羟基被烷氧基取代的反应。与此类似，羧酸中的羟基还可被卤素、羧酸根和氨基取代，分别生成酰卤、酸酐和酰胺等衍生物。

羧酸中的羰基，由于与羟基的共轭作用，反应性降低。例如羧酸不能被催化还原，而只能被氢化铝锂或乙硼烷还原成一级醇。

羧酸中羧基与烃基连接的碳碳键较弱，容易断裂。大多数一元羧酸或它们的盐受热即发生脱羧。例如，乙酸钠与苏打、石灰共热即脱羧，生成甲烷。羧酸的钙盐或钡盐加热，则生成酮。

各种二元羧酸受热后，由于两个羧基位置不同而发生不同的反应，有些脱羧，有些脱水，有些同时脱水、脱羧。

脂肪酸的 α 氢比其他碳原子上的氢活泼，能被卤素取代。芳香酸的芳环也可发生卤代、磺化和硝化等取代反应。

◆ 应用

低级脂肪酸是重要的化工原料，在工业上以很大的规模生产。纯的乙酸可制造人造纤维、塑料、香精、药物等。高级脂肪酸是油脂工业的基础。二元羧酸广泛用于纤维和塑料工业。某些芳香酸如苯甲酸、水杨酸等都具有多种重要的工业用途。

硼　烷

硼烷是硼和氢形成的二元化合物。又称氢化硼、硼氢化合物。化学

通式 B_xH_y。

母体硼烷（即没有取代基）有下列通式，n 是硼原子数：

类型	通式	附注
闭式－／笼式－（closo-）		尚未发现电中性的 B_nH_{n+2} 硼烷
巢式－（nido-）	B_nH_{n+4}	—
网式－（arachno-）	B_nH_{n+6}	—
敞网式－／叶式－（hypho-）	B_nH_{n+8}	只合成了相关的加合物
联式－（conjuncto-）	—	两个或两个以上简单结构单元相连的硼烷

还有一类 hypercloso- 硼烷，母体的通式为 B_nH_n。已合成出一些较为稳定的取代中性 hypercloso- 硼烷，如 $B_{12}(OCH_2Ph)_{12}$（$B_{12}H_{12}$ 的衍生物）。

◆ 命名

中性硼烷分子，硼原子数小于 10 的，用甲、乙、丙、丁、戊、己、庚、辛、壬、癸表示，超过 10 的用中文数字表示，在硼烷名称后面还应加上带圆括号的阿拉伯数字，表示硼烷中的氢原子数，如乙硼烷 B_2H_6、癸硼烷 $B_{10}H_{14}$。带负电性的硼烷阴离子命名，先用数字表示氢原子个数，再按中文表示方法表示硼原子数量，在硼烷名称后面还应加上带圆括号的阿拉伯数字，表示离子所带电荷数，如 $B_5H_8^-$ 命名为八氢戊硼烷（1-）。

◆ 理化性质

乙硼烷 B_2H_6 和丁硼烷 B_4H_{10} 在室温下为气体，戊硼烷 B_5H_9 和己硼烷 B_6H_{10} 为液体，$B_{10}H_{14}$ 为固体。简单的硼烷无色，有难闻臭味，性质不稳定，有毒。硼烷类化合物的蒸气有明显气味，剧毒，对空气极敏感，在空气中会自燃。遇氧气和水不稳定，需要在无水无氧条件下（惰性气体保护）保存。

◆ **制备**

尚未发现硼能同氢直接化合，但可通过间接方法制得硼烷，如可用卤化硼与氢化铝锂的反应制取。未曾制得过独立的甲硼烷 BH_3，最简单的硼烷是乙硼烷 B_2H_6，它可以看成是甲硼烷的二聚物，可以用多种方法来制备。

其他高元硼烷可通过乙硼烷在控制条件下的热解反应而生成。

在不同控温条件下的热冷界面反应器中可以生成 B_4H_{10}、B_5H_{11}、B_5H_9 等。

◆ **结构**

硼烷及硼烷阴离子主要有 5 种结构：闭式、巢式、网式、敞网式、联式。按照硼原子的结构，最简单氢化物应具有化学式 BH_3（甲硼烷），但是一直没有分离得到这样的自由单分子化合物，得到最简单的硼烷是乙硼烷 B_2H_6，为二聚体，多聚体能形成较大分子量的硼烷，部分大分子量的硼烷由于空间排列不同还存在同分异构体。当有第三种非金属原子介入硼烷组成时，形成杂硼烷，如碳硼烷、硫硼烷，有金属原子参加而形成的硼烷化合物称为金属硼烷。

从结构上看，在 B_2H_6 分子中有一种特殊的氢桥键，即 H 原子桥联 2 个 B 原子，B_2H_6 分子中有 2 个这样的氢桥键。

在典型硼烷的分子中，一般都存在着缺电子的问题，即不能使所有相邻原子对之间均形成常见的二电子共价键，所以一般利用多中心少电子键来解释硼烷中的电子结构。所以所有硼烷分子的结构都是以三角形棱面为基本结构单元的多面体：如果多面体的全部顶点都有 B 原子时，则为闭式（笼形）硼烷；如多面体脱掉一个角顶 B 原子就得到开式（巢型）硼烷；再脱除一个角顶，即两个顶点没有 B 原子，则得到网式硼烷的所以硼烷或是多面体结构，或是多面体结构的碎片。

美国化学家 W.N. 利普斯科姆根据硼原子在各种硼烷中的结构特征，归纳出 5 种成键要素：①末端二中心二电子（2c-2e）硼—氢键（B—H）。②三中心二电子（3c-2e）氢桥键。③二中心二电子（2c-2e）硼—硼键（B—B）。④开口的三中心二电子（3c-2e）硼桥键。⑤闭合的三中心二电子（3c-2e）硼键。利用这 5 种结构要素可对所有硼烷的结构和成键情况做出说明。

硼烷阴离子和硼烷能形成许多含有阴离子的盐型化合物，已经制得了 n 为 $6 \sim 12$ 的化合物。这些阴离子都是具有三角形棱面的封闭式多面体结构，并且都是有较高稳定性的化合物。这些硼烷阴离子在性质上类似于芳烃，H 原子可以被取代，可以生成部分或完全卤代的产物，全卤代离子和具有很高的热稳定性并难于被水解。

在杂硼烷中，等电子原理可以帮助理解多面体硼烷衍生物的结构。例如，碳原子 C 同负硼离子 B^- 是等电子体，磷原子 P 相当于 BH^-，硫原子 S 相当于 BH_2^-。

◆ 用途

硼烷有高的燃烧热，可作为潜在的高能燃料，可用于火箭弹和汽车燃料；硼烷络合物可用于化学镀，镀层表面光洁，硬度突出，镀液无污染，可循环使用；还可以用作还原剂。

代森铵

代森铵是有机硫杀菌剂。分子式 $C_4H_{14}N_4S_4$。化学名称：亚乙基双二硫代氨基甲酸铵。又称阿巴姆。纯品为无色结晶，可溶于水。工业品为淡黄色液体，呈中性或弱碱性，有臭鸡蛋味。熔点 72.5 ～ 72.8℃。呈弱碱性，有氨和硫化氢臭味。易溶于水，微溶于乙醇、丙酮，不溶于苯等。在空气中不稳定，水溶液的化学性质较稳定，40℃ 以上易分解，遇酸性物质易分解。代森铵的渗透力强，可以渗入组织内杀死病菌。

代森铵适用于蔬菜、果树、花卉、观赏植物，除具有保护作用之外，还具有一定的内吸治疗作用。适于防治黄瓜霜霉病、白粉病，芹菜晚疫病，菊花白锈病、黑锈病，荷兰石竹锈病等。代森铵对气温比较敏感，一般喷药应在午前或午后进行，中午气温较高应停止用药。不宜与高浓度的其他粉制剂农药混合使用。因粉制剂使用浓度过高，其药液喷在叶面及果面上往往会出现药液斑点，如混有代森铵则容易积药成害，常使叶片穿孔，果面产生药害斑点，影响果品外观。土壤消毒时，对茎长 35 ～ 55 厘米的甘薯苗、番茄、梨、玉米、花生等作物无药害；对大豆的茎有裂伤现象。喷施于植物茎叶时，除梨、番茄外，其他作物可能出现药害。

代森铵对高等动物有低毒，大鼠口服 LD_{50} 的上限为 395 毫克 / 千克。

第 **5** 章

恶臭健康影响

恶臭健康影响是指恶臭通过呼吸道对机体的心理、生理功能产生不良影响和危害的过程。

◆ 污染来源

恶臭是指能够刺激人体嗅觉器官，引起不愉快并损坏生活环境的所有气体物质。恶臭是一种普遍存在的污染危害，中国环保法将其列为公害之一，也可发生于污染水体之中。人能够嗅到的恶臭物有 4000 多种，其中危害大的达数十种。主要来自金属冶炼、石油化工、农药化肥、造纸制药等化学品的生产制作过程及产生的废弃物。此外，还可见于城市污水、粪便和垃圾等。

◆ 健康影响

恶臭的危害主要表现为以下 5 点：①妨碍呼吸系统。恶臭会使人反射性的憋气、减少呼吸次数，甚至完全停止吸气，阻碍正常呼吸系统。②危害循环系统。在接触恶臭后，随着呼吸的变化，继而会出现脉搏血压的变化。③危害消化系统。恶臭会使人厌食、恶心呕吐，消化功能减退。④影响神经系统。恶臭使人烦躁不安、工作效率低下、判断力和记忆力降低。另外还可使人感到头昏脑涨、头疼、眼疼等。长期处于恶臭环境可导致嗅觉障碍，损伤中枢神经及大脑功能。⑤影响内分泌系统。经常受到恶臭刺激会使内分泌系统功能紊乱，影响机体的正常代谢功能。

◆ **防治措施**

可以通过燃烧、吸附、添加除臭剂等方式除去恶臭物质。含恶臭物质的废气废水，应先进行除臭处理再排放；恶臭严重的污染源应该迁离人口密集区。

臭汗症

臭汗症是出汗带有特殊臭味的现象。

汗腺有外泌汗腺和顶泌汗腺两类。外泌汗腺遍布全身，分泌的汗液无色、无味，在体温调节上起着重要作用。之所以产生臭味，是由于细菌分解了被汗液浸湿的皮肤表面蛋白所致。外泌汗腺臭汗症中常见的是足臭，患者常多汗，且卫生习惯差；少数是由于某些特殊食物如葱、蒜等引起。顶泌汗腺在人体是退化的腺体，主要分布在腋窝、脐窝、头皮、外阴及肛周，分泌物黏稠、无味，含胆固醇等。顶泌汗腺臭汗症是由于汗液中的有机成分被细菌分解后产生臭味。常见的是腋臭，俗称狐臭。

患者应注意皮肤的清洁卫生，经常清洗，保持皮肤干燥，勤换衣服、袜子，穿透气的鞋。治疗可外用杀菌、止汗药物，如 4% 甲醛液等。激光永久性脱去腋毛，可减轻腋臭，也可手术治疗腋臭。

口 臭

口臭是口腔内的不良气味。又称口腔异味。它严重影响人们的社会交往和心理健康。

◆ 发病原因和分类

口腔局部疾患是主要导致口臭的原因。但不容忽视的是，口臭也常是某些严重系统性疾病的口腔表现，有一些器质性疾患也会导致口臭症。

病理性口臭

①口源性口臭。据统计，80% ~ 90% 的口臭是来源于口腔。口腔中有未治疗的龋齿、残根、残冠、不良修复体、不正常解剖结构、牙龈炎、牙周炎及口腔黏膜病等都可以引起口臭。其中龋齿和牙周疾病又是最常见的相关疾病。深龋窝洞内、不良修复体悬突下常残存食物残渣和菌斑，细菌经过发酵分解，产生臭味。牙髓坏死或化脓性牙髓炎未经治疗，也可发出臭味；牙周病患者常伴有大量的牙石、菌斑，牙周袋内细菌发酵产生硫化氢、吲哚和氨类，因而产生臭味。②非口源性口臭。口腔邻近组织疾病如化脓性扁桃体炎、慢性上颌窦炎、萎缩性鼻炎等，可产生脓性分泌物而发出臭味；临床上常见的内科疾病如急慢性胃炎、消化性溃疡出现酸臭味；幽门梗阻、晚期胃癌常出现臭鸭蛋性口臭；糖尿病酮症酸中毒患者可呼出丙酮味气体，尿毒症患者呼出烂苹果气味。另外白血病、维生素缺乏、重金属中毒等疾病均可引起口臭。

生理性口臭

饥饿、食用了某些药物或洋葱、大蒜等刺激性食物、抽烟、睡眠时唾液分泌量减少所致的细菌大量分解食物残渣等，都可能引起短暂的口臭。健康人的口臭可能由不良的口腔习惯和口腔卫生造成舌背的菌斑增多、增厚所引起。

假性口臭

即患者本人自我感觉有口腔异味，但检查结果为阴性。可通过解释说明和心理咨询得到改善者。

◆ 治疗

口臭并不可怕，只要查明原因是可以治疗的。首先考虑口臭是口源性还是非口源性的，对于不能排除与口臭相关的因素，如呼吸系统疾病（鼻腔、上颌窦、咽部、肺部的感染与坏死）、消化系统疾病（胃炎、胃溃疡、十二指肠溃疡、胃肠代谢紊乱、便秘等）、实质脏器损害（肝衰、肾衰）及糖尿病性酮症、尿毒症、白血病、维生素缺乏等，则应该先对这些疾病进行局部或全身的系统治疗。如有可能引起口臭的口腔疾病，如未治疗的龋齿、残根、残冠、不良修复体、牙龈炎、牙周炎及口腔黏膜病等，应该及时对龋齿进行内科治疗，拔除无用的残根残冠、去除不良修复体、去除不正确的解剖结构、治疗口腔黏膜病，对于牙周病患者则先进行洁治和根面刮治等基础治疗，再进行系统的牙周治疗和菌斑控制。另外，选择正确的刷牙方法，每天至少刷2次，并养成进食后漱口的习惯。进行舌面清洁也是非常重要的。由于80%～90%的口臭是来源于舌背，因此口腔医生应该教会患者正确使用舌刮匙来清洁舌面。还可通过体外试验，找出患者的主要病原菌，选用能有效抑制舌面微生物生长的漱口水进行局部抗菌。好的漱口水应该达到能维持口腔正常菌群的生态平衡，防止菌群失调引起的新的疾病。治疗中还应考虑增加唾液的量和流速，增强舌的运动，咀嚼富含纤维的食物或嚼口香糖等都有利于减轻口臭。

臭鼻症

臭鼻症是萎缩性鼻炎的重型病理类型。

表现为黏膜及鼻甲骨质萎缩，纤毛柱状上皮变为鳞状上皮，有脓痂，伴有臭鼻杆菌感染而奇臭。呼出气带有特殊的腐烂气味，是由于臭鼻杆菌分解鼻内分泌物和结痂内的蛋白质产生吲哚。鼻腔黏膜覆盖一层灰绿色脓痂，特殊恶臭。除去痂皮后，可见少许积脓，黏膜色红或苍白、发干、渗血。病理变化为上皮变性、进行性萎缩、黏膜和骨部血管发生闭塞性动脉内膜炎和海绵状静脉丛炎，血管壁结缔组织增生肥厚、管腔缩小闭塞，血供不良而导致黏膜、腺体、骨膜和骨质萎缩、纤维化以及上皮鳞状上皮化。

服用维生素 A、B2、C、E 及铁、锌剂和桃金娘油有一定治疗作用。鼻腔冲洗、鱼肝油、复方薄荷油、石蜡油、链霉素溶液滴鼻有帮助，己烯雌酚油、葡萄糖甘油、50% 葡萄糖、新斯的明滴鼻局部使用有作用。在保守治疗效果不好时可采用手术治疗，方法有鼻腔黏膜－骨膜下埋藏术，埋藏材料有人工生物陶瓷、硅胶、自体骨、软骨、组织块、带蒂组织瓣；非生物物质有聚乙烯、丙烯酸酯等；同种异体骨、软骨及组织等。鼻腔外侧壁内移及固定术，前鼻孔闭合术。

脚湿气

脚湿气是由皮肤癣菌引起的主要累及趾间、足跖及侧缘足部真菌感染疾病。本病以脚丫糜烂瘙痒、有特殊臭味而得名，故又称臭田螺、田螺疱。

本病首载见于明代《外科正宗》："臭田螺乃足阳明胃经湿火攻注

而成，多生足趾脚丫，白斑作烂，先痒后痛，破流臭水，形似螺厣，甚者脚面俱肿，恶寒发热。"清代《医宗金鉴·外科心法要诀》也有记载："臭田螺，此证由胃经湿热下注而生。脚丫破烂，其患虽小，其痒搓之不能解，必搓之皮烂，津腥臭水觉痛时，其痒方止，次日仍痒，经年不愈，极其缠绵。"

脚湿气初病时足趾间有小水疱，痒甚，经擦破后则流水，局部可有脱屑或结痂，反复发作趾间湿烂。脚湿气每易有继发性感染，重证渗出液显著增多，并有特殊臭味。局部皮肤易擦烂露出红色糜烂面，局部渐肿，甚至连及足面，继发丹毒。久则皮肤肥厚、角化、脱屑、皲裂。相当于现代医学的足癣。

治疗以外治为主：①中药外洗，黄精30克、丁香15克煎水外洗、浸泡或湿敷，每日1～2次。或苍耳子、地肤子、威灵仙、艾叶、吴茱萸各15克，煎水外洗、浸泡或湿敷，每日1～2次。②皮损以水疱为主，可选用复方土槿皮酊、一号癣药水或二号癣药水外用。皮损以浸渍腐白为主，先用石榴皮水洗剂泡脚，后用花蕊石散或龙骨散外扑。③皮疹以糜烂、红肿、渗出为主，合并染毒者，选用大黄、黄柏、紫草、地肤子、苦参、石榴皮各30克，菊花、甘草各15克，水煎外洗，继用青黛散、植物油调成糊状，外涂患处。④皮疹以干燥、脱屑和皲裂为主者，选用疯油膏、润肌膏、红油膏、雄黄膏等外搽，每天1～2次。

口　疮

口疮是以口内生疮、黏膜糜烂为主要表现的一种疮证。又称糜疮、龋齿、口疮。

《颅囟经》载，临床以口舌生疮甚或满口糜烂，秽臭难闻，面赤心烦，夜卧不宁，五心烦热，进食哭闹，小便短黄，或吐舌、舌尖红为主要表现。

口疮病因常由脾病及心，心失所养，心火上炎而致；或小儿嗜食肥甘厚味，脾胃受损，湿热内蕴，上蒸口舌。辨证主要分虚实，再辨脏腑。治疗根据虚实证候的不同分别论治。常见证型：①心火上炎。证见口舌生疮，甚或满口糜烂，秽臭难闻，面赤心烦，夜卧不宁，进食哭闹，小便短黄，舌尖红，脉数。治宜清心泻火，滋阴生津，常以泻心导赤散加减。②湿热内蕴。证见口内糜烂，甚者连及咽喉，疼痛明显，饮食难入，形体消瘦，腹胀泄下，手足心热等。治宜清利湿热，常以青黛散或清胃散加减。口疮渐愈后，宜健脾益胃，常以参苓白术散等加减。同时，加用冰硼散或珠黄散外用涂擦患处辅助治疗。

臁　疮

臁疮是发生在小腿臁骨部位的慢性皮肤溃疡。

关于本病历代文献中均有记载，称为裙边疮、裙风、裤口毒、裤口疮、烂腿、老烂脚等。臁疮之名首见于唐代《华佗神医秘传》，根据发病部位又有里臁、外臁之分。明代《疮疡经验全书》对病因、症状有简要记载，指出臁疮是因湿热风毒相搏而致，提出了健脾、理气、利湿的治法。明代《外科正宗》提出以补肾治之。至清代对本病的认识更加全面，不但在病因病机、症状方面描述甚详，还能从经络所属关系对其预后做出判断，提出外臁易治、里臁难愈，对后世认识本病有较深远的影响。

◆ **临床表现**

本病初起小腿肿胀、色素沉着、有沉重感，局部青筋怒胀，朝轻暮重，逐年加重，或出现浅静脉炎、瘀积性皮炎、湿疹等一系列静脉功能不全的表现，继而在小腿下 1/3 处（足靴区）内臁或外臁持续漫肿、苔藓样变的皮肤出现裂缝，自行破溃或抓破、糜烂、滋水淋漓，溃疡形成，当溃疡扩大到一定程度时，边缘趋稳定，周围红肿，或日久不愈，或经常复发。后期疮口下陷，边缘高起形如缸口，疮面肉色灰白或秽暗，滋水秽浊，疮面周围皮色暗红或紫黑，或四周起湿疹而痒，日久不愈。继发感染则溃疡化脓或并发出血。严重时溃疡可扩大，上至膝、下到足背、深达骨膜。少数患者可因缠绵多年不愈，蕴毒深沉而导致癌变。

◆ **病因病机**

本病多由于经久站立或负担重物，劳累耗伤气血，中气下陷，而致下肢气血运行无力；或素患筋瘤（下肢静脉曲张）等病，造成下肢血流瘀滞，肌肤失养及血流瘀滞，湿盛于下。外因多为皮肤损伤、复感毒邪，毒邪化热，湿热蕴结于下而成。

◆ **辨证论治**

治疗原则

本病是本虚标实证，气虚血瘀为基本病机，急性期多为湿热下注证，病程日久不愈者多为脾虚湿盛及气虚血瘀证，当分别辨证施治。益气活血、消除下肢瘀血是治疗的关键，临证应根据标本虚实分别治之。外治法也是临床常用的治疗手段。

证型分类

湿热下注证：症见疮面色暗或上附脓苔，脓水浸淫，臭秽难闻，四周漫肿灼热，伴有湿疮，痛痒时作，甚者恶寒发热，苔黄腻，脉数。治宜清热利湿、和营消肿，方用三妙散合萆薢渗湿汤加减。

脾虚湿盛证：病程日久，疮面色暗，黄水浸淫，患肢浮肿，纳少、腹胀、便溏，面色萎黄，舌淡、苔白腻，脉沉无力。治宜健脾利湿，方用参苓白术散合三妙散加减。

气虚血瘀证：溃烂经年，腐肉已脱，起白色厚边，疮面肉色苍白，四周肤色暗黑，板滞木硬，舌淡紫、苔白腻，脉细涩。治宜益气活血祛瘀，方用补阳还五汤合桃红四物汤加减。

外治法

初期：局部红肿，溃破渗液较多者，可用马齿苋 60 克、黄柏 20 克、大青叶 30 克，煎水温湿敷，每日 3～4 次。局部红肿、渗液量少者，宜金黄膏薄敷，每日 1 次；亦可加少量九一丹撒布于疮面上，再盖金黄膏。

后期：久不收口，皮肤乌黑，疮口凹陷，疮面腐肉不脱，时流污水，可用七层丹麻油调和，摊贴疮面，并用绷带缠缚，每周换药 2 次，夏季可换勤些。还可用白糖胶布疗法。

腐肉已脱、露新肉者，可用生肌散外盖生肌玉红膏，隔日换 1 次或每周换 2 次。周围有湿疹者，用青黛散调麻油盖贴。

◆ **预防与调护**

多食营养丰富的食物，禁食鱼腥发物，多补充蛋白质和维生素，增强体质，有助于溃疡的愈合。

$$\triangle{第\ 6\ 章}$$

脱臭装置

脱臭装置是工业上用于恶臭治理的装置。

恶臭气体的成分较多，已知的恶臭气体种类有上万种，按气体的化学组分不同，可将其分成5类：①含硫的化合物，如硫化氢、二氧化硫、硫醇类、硫醚类。②含氮的化合物，如胺类、酰胺、吲哚类。③卤素及衍生物，如氯气、卤代烃。④烃类，如烷烃、烯烃、炔烃、芳香烃。⑤含氧有机物，如醇、酚、醛、酮、有机酸等。经气相色谱检测，绝大多数恶臭气体的主要成分为氨和硫化氢。

脱臭装置和技术又分为物理法、化学法和生物法三大类。从最初采用的水洗法，逐步发展到效果较好的微生物脱臭法。其他常见的除臭装置还包括水洗法除臭装置、活性炭吸附法除臭装置、催化型活性炭法除臭装置、臭氧氧化法除臭装置、燃烧法除臭装置、植物提取液喷洒除臭装置、生物脱臭法除臭装置等。

恶臭气体吸附剂

恶臭气体吸附剂是能有效地从气体中吸附去除产生恶臭气味物质的材料。

恶臭气体是指大气、水体、废弃物中含有的引起人体厌恶或不愉快气味的挥发性物质，以空气为介质，作用于人的嗅觉器官而被感知的气体污染物。恶臭气体产生于污水处理、冶金、制药、石油、塑料、城市垃圾处理等多个行业，主要有硫化氢、氨、苯系物、酚、低分子脂肪酸、胺类、醛类、酮类、醚类、卤代烃、杂环氮或硫化物等。恶臭气体中具有毒性，对人类和环境有很大的危害。

恶臭气体吸附剂通常具有较大的比表面积、适宜的孔状结构及表面排列结构的特点。根据其对恶臭气体的吸附原理不同，恶臭气体吸附剂可以分为恶臭气体物理吸附剂、恶臭气体化学吸附剂和恶臭气体生物吸附剂。

恶臭气体物理吸附剂与恶臭气体之间通过范德瓦耳斯力、离子键力和疏水键力等物理作用力相结合，不直接发生化学反应，吸附力较弱，吸附过程一般是可逆的，当外界温度升高或吸附质分压降低时，被吸附的气体能很容易地从固体表面逸出，形成脱附。恶臭气体物理吸附剂主要有硅胶、活性炭、硅藻土、活性氧化铝、沸石、两性离子交换树脂或其他特殊类型的分子筛等。

恶臭气体化学吸附剂与恶臭气体之间发生化学反应，吸附过程一般是不可逆的，吸附热较大。化学吸附剂具有很强的选择性，仅能吸附参与化学反应的某些气体，在选择吸附过程中，吸附质与吸附剂结合稳定，所以须在高温下才可以完成脱附。恶臭气体化学吸附剂吸附原理主要有化学氧化法、液体吸收法、螯合吸收法和光催化氧化法。

恶臭气体生物吸附剂能够通过自身代谢，将气流中产生气味的物质转化成简单的无味物质的微生物。由于恶臭物质成分复杂，且嗅觉阈值较低，对净化吸附剂的要求极高，所以想要达到无味的要求，恶臭气体的治理难度较大，因此，进一步研究高效的恶臭气体吸附剂显得非常重要和急迫。

本书编著者名单

编著者 （按姓氏笔画排列）

于晓南	马建功	王 东	王正寰	王 珺
王丽芝	王连波	毛佐华	方定志	叶秀林
申泮文	卯晓岚	邢其毅	朱学骏	任红霞
任献青	向 丽	邬金才	刘元法	刘全儒
刘学波	许临晓	孙关龙	牟凤娟	严宣申
苏勉曾	李 玥	李陆一	李经球	李锡文
杨亲二	杨祝良	杨德琴	肖小河	吴世晖
邱晓航	何兴金	谷 娜	张 斌	张秋香
张彦明	张晓杰	陈凤娟	陈军文	范瑞强
畅延青	周 江	周 政	周建波	孟祥河
赵润怀	胡志刚	胡宏纹	姜广顺	姚凤仪
姚光庆	聂泽龙	顾红雅	高 月	郭信强
郭起荣	唐 亚	陶凤岗	黄 宪	黄炜孟
曹 兵	龚毅生	彩万志	曾 锐	臧弢石
樊春梅	戴乾圜	魏 昕		